H0049043

BASTEI
LÜBBE
TASCHENBUCH

Weitere Titel des Autors:

Bob, der Streuner
Bob und wie er die Welt sieht
Ein Geschenk von Bob

Titel auch als Hörbuch erhältlich

Über den Autor:

James Bowen, geboren im März 1979 in Surrey, ist ein ehemaliger Straßenmusiker aus der Nähe von London. Lange Zeit hielt James sich leidlich mit Musik und dem Verkauf der englischen Obdachlosenzeitschrift »The Big Issue« über Wasser. Nach Jahren als Heroinsüchtiger und Obdachloser hatte er gerade die ersten, noch unsicheren Schritte in ein normales Leben getan, lebte aber immer noch von der Hand in den Mund, Zukunftsperspektiven gab es für ihn kaum. Das änderte sich, als er im Frühling 2007 in seinem Hausflur im Norden Londons auf einen zerzausten, verletzten Kater traf. Er nahm ihn auf, pflegte ihn gesund und nannte ihn Bob. Niemand konnte ahnen, dass dies der Beginn einer großen Freundschaft war, die beider Leben auf den Kopf stellte. Schon bald weicht Bob nicht mehr von seiner Seite. Sogar bis in den Bus und auf die Straßen der Großstadt London begleitet der Kater seinen neuen Freund. Das ungleiche Paar sorgt selbst in einer Stadt wie London für Aufsehen, und so dauert es nicht lange, bis die beiden Freunde eine stadtbekannte Attraktion auf den Straßen der englischen Hauptstadt werden. Die Geschichte ihrer Freundschaft wurde als BOB, DER STREUNER zum Welt-Bestseller, 2016 wurde die Geschichte fürs Kino verfilmt. Auch heute noch gehen die beiden ungleichen Freunde gemeinsam durch dick und dünn.

JAMES BOWEN

Mein bester Freund
Bob

Was ich vom Streuner
über das Glück gelernt habe

Aus dem Englischen von Axel Merz

BASTEI
LÜBBE
TASCHENBUCH

BASTEI LÜBBE TASCHENBUCH
Band 61034

Dieser Titel ist auch als Hörbuch und E-Book erschienen

Deutsche Erstausgabe

Für die Originalausgabe:
Copyright © 2018 by James & Bob Limited and
Connected Content Limited. All rights reserved.
Titel der englischen Originalausgabe: *The Little Book Of Bob*
Originalverlag: Hodder & Stoughton Ltd, London

Für die deutschsprachige Ausgabe:
Copyright © 2018 by Bastei Lübbe AG, Köln
Textredaktion: Dr. Ulrike Strerath-Bolz, Friedberg
Illustrationen Seite 11, 35, 57, 81, 103, 129 von Mira Lenka
Einband-/Umschlagmotiv: © shutterstock/Sandor Szmutko; cammep;
© Clint Images/Hodder and Stoughton
Satz: hanseatenSatz-bremen, Bremen
Gesetzt aus der Stempel Garamond LT Std
Druck und Verarbeitung: CPI books GmbH, Leck – Germany
ISBN 978-3-404-61034-1

2   4   5   3   1

Sie finden uns im Internet unter
www.luebbe.de
Bitte beachten Sie auch: www.lesejury.de

Inhalt

»Sehr wenig ist nötig, um ein glückliches Leben zu führen; es ruht alles in dir selbst, in deiner Art zu denken.«

Marc Aurel

»Ich habe viele Philosophen und viele Katzen studiert. Die Weisheit der Katzen ist definitiv überlegen.«

Hippolyte Taine

Vorwort

Wie die meisten Menschen habe ich in meinem Leben schlechte Entscheidungen getroffen. Mehr als nur ein paar. Meine Entscheidung, eine Katze namens Bob zu adoptieren, war freilich alles andere als schlecht. Ganz im Gegenteil, ich würde sagen, es war die klügste Idee, die ich je hatte. In vielerlei Hinsicht retteten wir uns gegenseitig.

Er war verletzt, als ich ihn eines Abends im Frühling 2007 fand, und ich habe ihn gesund gepflegt.

Und andersherum hat er ganz gewiss mich gerettet. Mein Leben war wirklich vermurkst, bevor ich ihm begegnete. Ich war mehr als zehn Jahre drogenabhängig gewesen und hatte ziemlich lange als Obdachloser gelebt, entweder auf der Straße oder in Obdachlosenheimen. Als er mir begegnete, war ich bei meiner letzten Chance angekommen – in meinem neunten Leben, wenn man so will. Er hat mir geholfen, die Dinge zum Besseren zu wenden.

Ich habe oft über das Leben nachgedacht, das Bob führte, bevor wir uns begegneten. Hauptsächlich deswegen, weil ich absolut nichts darüber weiß. Nach seinen Verletzungen zu urteilen, die er hatte, als ich ihn fand, war sein Leben ziemlich unsicher gewesen. Er hatte unübersehbar einige Kämpfe hinter sich. Doch darüber hinaus wusste ich so gut wie nichts. Wie hatte sein Alltag ausgesehen? War er schon immer ein Streuner gewesen? Oder hatte sich jemand anderes um ihn gekümmert, vor mir? Ich hatte keine Ahnung.

Während unserer ganzen gemeinsamen Zeit ist er immer ein Rätsel geblieben. Eine Sache habe ich jedoch von Anfang an gewusst, nämlich, dass er eine Weisheit besitzt, die ungewöhnlich ist, selbst für Katzen.

Ich weiß nicht, ob es etwas zu tun hat mit den Lektionen, die er während seines früheren, rätselhaften Lebens gelernt hat, doch es ist, als wäre er ein klassischer Philosoph, der alles und jeden versteht. Als hätte er alles schon einmal gesehen. Als würde er das Leben in- und auswendig kennen. Nichts scheint ihn aus der Ruhe zu bringen. Er nimmt alles in sich auf.

In dem Jahrzehnt, seit wir uns zum ersten Mal begegnet sind, ist er in meinen Augen sogar noch weiser geworden. Mein Leben hat sich in dieser Zeit ganz dramatisch verändert, dank einer Reihe von Büchern und dann eines Kinofilms über mein Leben mit Bob. Er hat sich mühelos an all das Neue angepasst, das uns das Schicksal bescherte. Er kommt genauso gut mit all den fremden Menschen zurecht, die wir auf unseren Lesereisen oder bei Filmpremieren treffen, wie zu der Zeit, als er neben mir auf dem Pflaster gesessen hat, während ich in Covent Garden Gitarre gespielt oder vor der U-Bahn-Station Angel Zeitschriften verkauft habe.

Ich weiß, es klingt vielleicht merkwürdig oder sogar

albern, das über eine Katze zu schreiben, aber ich finde ihn inspirierend. Manchmal reicht es völlig aus, wenn ich mich hinsetze und ihn beobachte, um meinen Geist zum Surren zu bringen. Ich bin fasziniert von der Art und Weise, wie er sich verhält, wie er mit der Welt umgeht und auf unterschiedliche Situationen reagiert. Selbst davon, wie er seinen Alltag lebt. Das Zusammenleben mit ihm hat mir die Augen für so vieles geöffnet. In den vergangenen zehn Jahren war er echt eine Art Guru für mich.

Dieses Buch ist eine Sammlung von Erfahrungen und Einsichten, die ich während meiner Jahre mit Bob gewonnen habe. Ein Führer zu seiner Klugheit, wenn man so will. Ich hoffe, Sie finden diese Klugheit genauso erleuchtend wie ich.

James Bowen, London 2018

Erster Teil:
Vertrauen ist der Anfang von allem –
Lektionen in Freundschaft

Man sagt ja oft, dass es nicht die Menschen sind, die Katzen bei sich aufnehmen; es sind eher die Katzen, die uns Menschen adoptieren. Das ist vermutlich wahr. Schließlich sind Katzen hochintelligente Tiere. Und tief im Innern ahne ich, dass sie etwas begreifen, was wir Menschen allzu häufig übersehen – den unschätzbaren Wert von Freundschaft. Es ist gewiss ein Thema, für das Bob mir die Augen geöffnet hat, auf die verschiedensten Weisen.

Freundschaft ist ein Paar neuer Stiefel

*B*ob war ein ziemlich ungehobelter Charakter, als er bei mir einzog. Er konnte es überhaupt nicht leiden, wenn ich mit ihm schimpfte, und er konnte richtig störrisch werden, wenn ich ihn daran hinderte, irgendetwas zu tun. Bevor ich ihn kastrierten ließ, hat er regelmäßig nach mir geschlagen. Meine Hände tragen die Narben seiner gelegentlichen Ausraster.

Ich würde lügen, wenn ich behaupten wollte, dass sein Verhalten mich nicht gelegentlich ärgerte. Doch ich hatte sofort Zuneigung zu ihm gefasst, und ich wollte, dass unsere Beziehung funktionierte.

Damals, so erinnere ich mich, hatte ich mir gerade in einem Wohlfahrtsladen um die Ecke ein Paar Stiefel gekauft. Meine alten waren buchstäblich auseinandergefallen. Aber die neuen Stiefel passten nicht richtig, meine Füße wurden wund und bekamen Blasen. Das Beste am Tag war, sie abends ausziehen zu dürfen.

Es war bei so einer Gelegenheit, dass mir der Gedanke kam. Bob marschierte aufgebracht in der Wohnung auf und ab. Kurz zuvor hatte er mich angefaucht, als ich versucht hatte, ihn zur Benutzung des Katzenklos zu ermutigen, das ich besorgt hatte.

Es war normal, dass er sich unwohl fühlte mit mir und seinem neuen Zuhause, sagte ich mir. Viele Dinge, die ich tat, mussten ihm gegen den Strich gehen. Doch mit Geduld würden wir unsere Freundschaft so entwickeln, dass sie zur Persönlichkeit des jeweils anderen passte. Wir würden uns aneinander und an unsere unterschiedlichen Bedürfnisse gewöhnen.

Unsere Freundschaft war im Grunde genommen nichts anderes als mein Paar neuer Stiefel. Es brauchte Zeit, um sie einzulaufen. Es war unbequem. Ärgerlich. Doch am Ende, wenn wir uns aneinander gewöhnt hätten, wäre alles prima. Und so kam es auch.

Freie Geister

Der Moment, in dem ich wusste, dass das Schicksal Bob und mich zusammengebracht hatte, kam, als er eines unvergesslichen Tages in den Bus sprang, um mit mir nach London hineinzufahren. Ich war sprachlos. Ich hatte ihn weggescheucht, nachdem er mir von der Wohnung bis zur Bushaltestelle gefolgt war. Und als der Bus losgefahren war, hatte ich angenommen, er wäre dort an der Straße zurückgeblieben. Doch ganz plötzlich war er da, lag auf dem Platz neben mir, zusammengerollt neben meinem Gitarrenkasten, als wäre er ein Teil meines Gepäcks. Die Busschaffnerin lächelte mich an und fragte, ob er zu mir gehörte.

»Ich schätze, das ist wohl so«, habe ich damals geantwortet, aber mir wurde schnell klar, dass das nicht so ganz der Fall war.

Bob ist eine Naturgewalt, ein freier Geist. Er gehörte und gehört mir nicht. Ich besaß ihn weder damals, noch besitze ich ihn heute. Wir haben aus freien Stücken beschlossen, für die Gegenwart zusammen zu sein, doch wer weiß, ob das für die Zukunft gilt? Er wird immer mein Freund sein, doch er kann gehen, wann er will.

Ich denke, Freiheit ist ein Schlüssel zu jeder echten Freundschaft.

Gemeinsam sind wir alle stärker

*E*ines Abends, ein paar Wochen nachdem Bob und ich zusammengekommen waren, kochte ich unser Abendessen, Spaghetti bolognese. Bob lag zusammengerollt in einer Ecke und beobachtete mich.

Ich hatte das Radio eingeschaltet, Wasser zum Kochen gebracht und war gerade dabei, die Spaghetti aus der Packung zu nehmen, als mir der Gedanke kam. Es war eine ferne Erinnerung aus der Kindheit, von einer Fabel oder einem Märchen über einen alten Mann, der seinen Kindern mit einem Reisigbündel eine wichtige Lektion fürs Leben beigebracht hatte.

»Sieh her, Bob«, sagte ich und zerbrach eine einzelne lange Nudel, bevor ich sie in den Topf mit kochendem Wasser warf.

»Das sind wir beide, du und ich, bevor wir Freunde wurden. Als jeder von uns noch auf sich allein gestellt war.«

Dann nahm ich ein dickes Bündel Spaghetti und bog es in die eine und in die andere Richtung, ohne dass es zerbrach.

»Und das sind wir beide heute.«

Er neigte den Kopf, als wäre ich nicht ganz bei Trost.

Doch ich wusste genau, was ich da sagte. Ich hatte noch nie einen klügeren Satz von mir gegeben.

Bob hätte jene Nacht draußen auf der Straße verbringen können. Frierend, einsam und hungrig. Und ich hätte immer noch als obdachloser Drogenabhängiger von der Hand in den Mund leben können, ohne jeden Plan und ohne ein Ziel im Leben. Doch so war es nicht mehr. Wir hatten einander gefunden. Und wir waren besser, sicherer und gesünder dran.

Gemeinsam sind wir alle stärker als allein.

Der treueste aller Freunde

Die Menschen sind stets fasziniert von der speziellen Bindung zwischen Bob und mir. Wie kam es dazu, dass diese starke Bindung entstanden ist? Mir ist bewusst geworden, dass die Antwort eigentlich ganz einfach ist.

Wir leben in einer Welt, in der es schwer ist, auf irgendetwas zu vertrauen. Politiker, Institutionen, Menschen – sie alle scheinen uns das eine oder andere Mal im Stich zu lassen. Jedenfalls hatte ich immer wieder das Gefühl. Zugegeben, einen Großteil meiner früheren Schwierigkeiten hatte ich mir selbst zuzuschreiben, doch sie waren auch aus zerbrochenen Beziehungen und aus dem Gefühl entstanden, dass ich nicht geliebt worden war.

Unsere Beziehungen zu unseren Haustieren bieten eine Alternative. Auf sie können wir uns verlassen. Tiere lügen uns nicht an. Sie betrügen uns nicht. Sie enttäuschen uns nicht. Ihre Zuneigung – nennen Sie es Liebe, wenn Sie wollen – ist bedingungslos.

Zu wissen, dass diese Freundschaft immer für einen da ist, ist nicht nur ein gewaltiger Trost. Es ist auch eine Quelle der Kraft.

Ein Freund in Not

Schönwetterfreunde hat jeder. Sie sind da, wenn die Zeiten gut sind. Immer dabei, wenn es etwas zu feiern gibt, Partys, die schönen Dinge. Doch wenn das Lebensschiffchen – wie es unausweichlich hin und wieder geschieht – in raueres Fahrwasser kommt, dann verschmelzen diese Leute mit dem Hintergrund, oder schlimmer, sie verschwinden ganz. Das sind keine echten Freunde. Ein echter Freund ist in Zeiten der Not für dich da. Wenn es nichts zu gewinnen gibt. Oder sogar etwas zu verlieren.

Es gab Zeiten, da war Bob vollkommen unabhängig und froh, wenn man ihn in Ruhe ließ. Er schlief, wo er wollte und wann er wollte. Er erkundete meine Wohnung und die Welt da draußen nach Lust und Laune.

Doch er hatte auch ein Gespür dafür, wann er gebraucht wurde. Ich bemerkte es zum ersten Mal, als ich mir eine schlimme Erkältung einfing, ein paar Wochen, nachdem wir zusammengekommen waren. Ich lag im Bett, hustete und schniefte vor mich hin und tat mir ganz allgemein ziemlich leid. Dann fiel mir auf, dass er sich nah bei mir zusammengerollt hatte, nur ein paar Zentimeter von meinem Gesicht entfernt. Er schnurrte rhythmisch vor sich hin.

Das Geräusch tröstete mich sofort. Abgesehen von allem anderen gab es mir das Gefühl, nicht allein zu sein. Das Schnurren war sehr beruhigend. Doch es war noch etwas anderes, ein Gefühl von Kameradschaft. Von einem gemeinsamen Leben.

Bob hat diese Angewohnheit beibehalten. Er merkt immer, wenn ich mich schlecht fühle. Ganz instinktiv scheint er zu wissen, wann ich einen Freund ganz besonders nötig habe.

Mir ist klargeworden, dass genau das Freundschaft ausmacht. Es geht nicht darum, in jedem Moment des Tages da zu sein, sondern dann, wenn es darauf ankommt.

Auf dem gleichen Weg

*E*s ist viel schwieriger für jemanden, den Weg zu verstehen, den man eingeschlagen hat, wenn er nicht die gleichen Erfahrungen gemacht hat. Das ist der Grund, warum die stärksten Freundschaften oftmals im gleichen Feuer geschmiedet werden. Je härter die Zeiten, die man gemeinsam durchgestanden hat, desto fester die Bindung, die man eingeht.

Das ist gewiss der Fall bei Bob und mir.

Wir haben so viel gemeinsam durchgemacht. Schlechte Zeiten und gute Zeiten. Wir sind so weit auf dem gleichen Weg gegangen, dass unsere Pfade nur noch selten voneinander abweichen. Das ist vermutlich der Grund, warum wir, seit wir uns kennen, nicht mehr getrennt unterwegs sind.

Wahre Freunde verstehen sich einfach

Wir alle haben schlechte Tage. Wir alle erleben Zeiten, wenn, aus welchen Gründen auch immer, alles schiefzugehen scheint. Die Welt scheint aus dem Gleichgewicht zu geraten.

Oft kann man es nicht erklären oder will es auch nicht. Man möchte am liebsten die Tür hinter sich zuschlagen und alles und jedes da draußen nur zu gern vergessen. Nennen Sie es, wie Sie wollen: Depression, Blues, mit dem falschen Fuß aufgestanden. Es kommt auf das Gleiche heraus.

In Zeiten wie diesen habe ich bemerkt, dass Bobs Freundschaft auf subtile Weise anders ist. Manchmal merke ich gar nicht, dass er da ist. Er legt sich unauffällig unter den Sessel oder das Bett, aber auf jeden Fall in meine Nähe. Bereit, da zu sein. Es ist, als hätte er ein Gefühl für meine Stimmungen. Als wüsste er, dass ich Raum brauche, aber auch im Auge behalten werden muss. Er scheint mich ganz einfach zu verstehen.

Auch das, so ist mir bewusst geworden, ist ein Zeichen für einen wahren Freund. Er begreift instinktiv, dass man manchmal keine langwierigen Fragen hören will, was mit einem los ist. Man will sich nicht erklären. Man braucht jemanden, der einen ohne Worte versteht – und sonst nichts.

Manchmal muss man etwas verlieren, um es zu schätzen

Vor ein paar Jahren musste ich für eine Weile ins Krankenhaus, nachdem ich mir eine TVT zugezogen hatte, eine tiefe Venenthrombose, die mir heftige Schmerzen im Bein bereitete. Ich war noch jung, nicht einmal dreißig, aber die endlosen Stunden, die ich im Bett liegen musste, wurden zu einem richtigen Weckruf. Auf einmal begriff ich, dass ich meine Gesundheit immer für selbstverständlich gehalten hatte. Ich hatte geglaubt, unüberwindlich zu sein, unbesiegbar, und dass ich mich immer fit und gesund fühlen würde, trotz der offensichtlichen Schäden, die ich meinem Körper als Drogensüchtiger und mit meinem Leben auf der Straße zugefügt hatte.

Zu meiner Überraschung traf es mich fast genauso hart, von Bob getrennt zu sein. Er war zu diesem Zeitpunkt längst mein ständiger Begleiter geworden. Immer da, um mich aufzumuntern.

Mit dem Ergebnis, dass ich ihn wirklich sehr vermisste, als ich im Krankenhaus lag. Aus offensichtlichen Gründen konnte er ja nicht vorbeikommen und mich besuchen.

Die erste Nacht wieder zu Hause, nachdem ich aus dem Krankenhaus entlassen war, gab meiner Stimmung einen gewaltigen Schub, stärker als die beste ärztliche Diagnose oder Medizin, die man mir im Krankenhaus hätte verabreichen können. Jedes Mal wenn Bob und ich jetzt für längere Zeit getrennt sind, erinnere ich mich an jene Zeit zurück – und das bestärkt meine Wertschätzung für das Glück, ihn in meinem Leben zu haben.

Manchmal – wie bei der Gesundheit – muss man erst jemanden oder etwas verlieren, um den wahren Wert schätzen zu können.

Freunde können einen guten Einfluss auf uns haben

*B*ob und ich waren eines Abends auf dem Nachhauseweg in der Londoner U-Bahn unterwegs. Irgendwo schien ein Fußballspiel stattzufinden, denn der Wagen war voll mit Fans, die Schals und Shirts ihrer Vereine trugen. Wir standen eingezwängt neben einer solchen Gruppe – vier junge Kerle in ausgelassener Stimmung.

Wir waren gerade von einer Station losgefahren, als einer von ihnen anfing, laut das Schlachtlied seiner Mannschaft zu singen, wenige Zentimeter von mir entfernt. Sein Gebrüll brachte Bob völlig aus der Fassung, doch er ging damit um, wie es fast jeder hartgesottene Londoner Pendler getan hätte. Er machte kurz einen Katzenbuckel, dann wandte er sich von den vieren ab und steckte den Kopf unter meinen Mantel, als wollte er den Lärm ringsum auf diese Weise aussperren.

Ich war nicht wirklich gut drauf an diesem Tag, und das Verhalten des Burschen gefiel mir gar nicht.

»Kannst du damit aufhören?«, sagte ich so höflich, wie ich konnte. »Du machst meiner Katze Angst.«

Die vier jungen Kerle starrten uns verblüfft an. Sie wechselten Blicke, dann lachten sie. Sie konnten vermutlich nicht glauben, dass sie von einem Kerl mit einer

Katze auf der Schulter getadelt worden waren. Doch dann nickten sie zustimmend und verhielten sich einigermaßen gesittet, bis es Zeit war auszusteigen und Bob und ich allein zurückblieben.

Ein paar Jahre früher hätte ich definitiv den Mund weiter aufgemacht. Ich hätte vielleicht sogar die Beherrschung verloren. Doch an diesem Abend sah ich, dass es nur junge Leute waren, die ihren Spaß haben wollten. Sie taten eigentlich nichts Unrechtes. Also biss ich die Zähne zusammen und ließ sie in Ruhe. Ich machte kein großes Theater. Und ich hatte das Gefühl, Bob dafür danken zu müssen.

Er hatte mir geholfen, die Welt mit anderen Augen zu sehen. Ich hatte jetzt jemanden, um den ich mich kümmern konnte. An den ich denken konnte. Eine Verantwortung, die ich nie zuvor gespürt hatte. Und vielleicht hatte er auch, ohne dass es mir selbst aufgefallen war, dafür gesorgt, dass ich weniger egozentrisch wurde. Freundlicher und ganz allgemein rücksichtsvoller.

Freunde haben die Freiheit, sich zum Narren zu machen

Von Zeit zu Zeit neigt Bob dazu, etwas vollkommen Unvorhergesehenes zu machen. Beispielsweise beschließt er ohne ersichtlichen Grund, sich auf der Rückenlehne des Sofas geradezu grotesk in die Länge zu strecken und so zu schlafen, allen Gesetzen der Schwerkraft zum Trotz. Oder er springt aus unerfindlichen Gründen auf und jagt durch die Wohnung, als würde er eine Fliege oder Wespe verfolgen. Seine Beute ist jedoch vollkommen unsichtbar – zumindest für mich.

Wenn ich das nicht schon kennen würde, wäre ich möglicherweise beunruhigt. Ich würde mir vielleicht Sorgen machen, weil er sich seltsam verhält. Weil er manchmal so ganz und gar nicht die Katze ist, die ich zu kennen glaube. Aber ich mache mir keine Sorgen. Ich zucke nicht mal mit der Wimper. Weil er Bob ist – mein bester Freund.

Ich sitze nicht da und überlege, was wohl in ihn gefahren ist oder ob es irgendeinen tiefen seelischen Grund gibt. Ich sehe nur zu und lache (Es sei denn natürlich, er beschädigt die Möbel).

Einer der großen Vorzüge einer starken Freundschaft ist, dass sie einem die Freiheit gibt, man selbst zu sein, wenn man zusammen ist, sich gehen zu lassen und gelegentlich ein paar verrückte Dinge zu tun. Man kennt einander gut genug, um das alles nicht ernst zu nehmen. Es ändert auf lange Sicht nichts.

Teile dein Glück

Zu sagen, dass Bob mein Schicksal zum Guten gewendet hat, wäre noch mächtig untertrieben. In den zehn Jahren, die wir inzwischen ein Team sind, hat sich mein Leben so sehr verändert, dass es überhaupt nicht wiederzuerkennen ist. Als wir zusammenkamen, machten wir gemeinsam Straßenmusik und verkauften The Big Issue, die Obdachlosenzeitschrift. Wir lebten mehr oder weniger von der Hand in den Mund. In den vergangenen paar Jahren hat sich unser Alltag sehr verändert: Auftritte bei öffentlichen Veranstaltungen, Signierstunden und Fernsehauftritte, um die Bücher und den Film zu bewerben, der über unser gemeinsames Leben gedreht worden ist: *Bob der Streuner*.

Ich bilde mir gerne ein, dass ich mich in dieser Zeit nicht allzu sehr verändert habe. Aber es ist vermutlich letzten Endes die Aufgabe Anderer, das zu beurteilen. Was ich jedoch mit absoluter Gewissheit sagen kann, ist, dass Bob sich nicht ein winziges Stück verändert hat. Er ist der Gleiche geblieben, eine Zen-Katze durch und durch. Er hat die Welt bereist, Tausende von Menschen kennengelernt, ist in zahllosen Fernsehsendungen aufgetreten. Und doch ist er stets cool und gelassen geblieben, in Berlin genauso wie in Tokio, in Truro und Glasgow.

Natürlich hatte auch er seine gelegentlichen Momente der Verdrießlichkeit. Wer hat die nicht? Die meiste Zeit jedoch hat er kaum mal ein unzufriedenes Brummen von sich gegeben. Er sitzt einfach da, schlägt rhythmisch mit dem Schwanz, schnurrt manchmal leise und zaubert damit ein Lächeln auf die Gesichter der Leute, einschließlich meinem. Die Freude, die er mir bereitet, weil wir andere so fröhlich machen können, ist mit Worten nicht zu beschreiben. Und das Wissen, dass er dabei glücklich und zufrieden ist, macht alles umso kostbarer.

Man sagt, ein geteiltes Problem sei ein halbes Problem. Ich denke, das Gegenteil ist gleichermaßen zutreffend. Geteiltes Glück ist doppeltes Glück.

Vertrauen in Freunde zahlt sich aus

*M*ein Magen war in hellem Aufruhr, als ich Bob vor
die Scheinwerfer und Kameras führte, die man in
einer Seitenstraße zwischen Bow Street und Drury Lane
aufgebaut hatte.

Es war zwei Wochen nach Beginn der Dreharbeiten zu
Bob der Streuner, und der Regisseur Roger Spottiswoode
wollte unbedingt mit Bob experimentieren und ihn in einer Szene auftreten lassen. Ich war unsicher gewesen, doch
Roger und der Produzent Adam Rolston hatten mich
überzeugt, dass dies eine gute Gelegenheit wäre.

Die Szene, die sie ausgewählt hatten, zeigte Luke
Treadaway, den Schauspieler, der meine Rolle spielte, wie
er auf dem Pflaster sitzt und Gitarre spielt. Es war eine
Szene, die Bob in- und auswendig kannte – er hatte sie
jahrelang mit mir gelebt.

Doch als ich ihn an seinen Platz führte, quälten mich
Zweifel. Vor allem stellte sich natürlich die Frage, war er
bereit mitzuspielen? Und selbst wenn, wäre er imstande,
es zu tun? Ich wollte niemanden enttäuschen. Und ich
wollte ganz bestimmt nicht die teure Zeit der Filmcrew
verschwenden.

Die Kameras hatten kaum angefangen zu drehen, als

Bob etwas Erstaunliches tat. Während der Strom von Komparsen vorbeiging und klingelnde Münzen in den Gitarrenkasten fallen ließ, fing Bob an, jedem Einzelnen zuzunicken – als wollte er »Danke!« sagen.

Die Gesichter der Filmcrew waren ein Bild für die Götter. Man konnte ihnen ansehen, wie sie sich alle die gleiche Frage stellten: »Hab ich das gerade wirklich gesehen?« Sie hatten. Und bei der nächsten Einstellung sahen sie es erneut, und bei der darauffolgenden noch einmal.

Von jenem Tag an erschien Bob in so vielen Szenen wie nur irgend möglich. Er arbeitete neben einem Team von ausgebildeten roten Katzen, die eigens aus Kanada hergebracht und trainiert worden waren, um die schwierigeren Action-Szenen zu übernehmen. Diese Einstellungen konnte Bob nicht. Sie blieben seinen »Doppelgängern« überlassen.

Während jener wenigen surrealen Wochen lernte ich eine Menge. Doch die Lektion, die Bob mir an jenem Abend beibrachte, war vielleicht eine der wichtigsten. Hab Vertrauen. Glaub an die Menschen, die an dich glauben. Wenn du das tust, zahlen sie dir dieses Vertrauen zurück.

Einen richtigen Freund
kann man nicht verlieren

Im Verlauf der Jahre, die wir miteinander verbracht haben, ist Bob zweimal weggerannt. Beide Zwischenfälle ereigneten sich ziemlich am Anfang unserer gemeinsamen Zeit – und beiden war vorangegangen, dass Bob Angst bekommen hatte. Beim ersten Mal wegen eines kostümierten Straßenkünstlers und beim zweiten Mal wegen eines ausgesprochen aggressiven Hundes.

Wir fanden uns bei beiden Gelegenheiten wieder, doch das heißt nicht, dass die Trennungen nicht schrecklich gewesen wären. Während der – Gott sei Dank – kurzen Zeiträume fühlte ich einen quälenden Schmerz, als wäre mit einem Teil von mir etwas nicht in Ordnung. Erst später wurde mir bewusst, was das bedeutet.

Die einzigen Freunde, die man verlieren kann, sind jene, die in Wirklichkeit keine richtigen Freunde sind.

Einen richtigen Freund kann man niemals verlieren. Selbst wenn man getrennt ist: Diese Freundschaft lebt in einem weiter. Sie ist ein Teil von jedem der Freunde. Sie geht nicht weg.

Zweiter Teil:
Leben und leben lassen –
Was wir brauchen, um glücklich zu sein

Wir alle sind auf der Suche nach einem glücklichen Leben. Aber wie und wo finden wir es? Was sind die Grundbausteine, die unbedingt notwendigen Zutaten für eine zufriedene und erfüllte Existenz? Mit anderen Worten, was brauchen wir, um glücklich zu sein?

Darüber habe ich in den vergangenen zehn Jahren mit Bob sehr viel nachgedacht. Und er hat mir den Weg zu einigen Antworten gezeigt.

Wir alle möchten beachtet werden

Nachdem Bob und ich uns aneinander gewöhnt hatten, war es sein größtes Vergnügen, wenn er gestreichelt oder wenn Aufhebens um ihn gemacht wurde. Ich hatte den entschiedenen Eindruck, dass er sehr lange unbeachtet geblieben war, dass man ihm die Aufmerksamkeit verwehrt hatte, nach der er sich sehnte.

Es stimmte mich froh, dass ich ihm diese Aufmerksamkeit geben konnte, doch es machte mich auch traurig, mir vorzustellen, wie es früher ausgesehen hatte. Immer wieder stellte ich mir sein bisheriges Leben vor, sah ihn vor mir, wie er in Gassen schlief und von den Menschen ignoriert wurde. Keinerlei Aufmerksamkeit erhielt.

Es fiel mir nicht schwer, mir vorzustellen, wie sich das anfühlte. Ich kannte dieses Gefühl ja nur allzu gut von meinem eigenen Leben auf der Straße. Genau wie er war auch ich ignoriert und an den Rand gedrängt worden. Ich war verschwunden, einfach unsichtbar geworden. Und so verstand ich auch seine Freude, bei mir zu sein. Sie war eine Reaktion auf das Gefühl, etwas Besonderes für mich zu sein. Etwas Spezielles.

Wir alle möchten beachtet werden. Wir alle sehnen uns nach dem Gefühl, wichtig zu sein. Gebraucht zu werden.

Jeder braucht einen Alltag

Die alltägliche Routine, die nach und nach bei uns eingekehrt war, trug einen Großteil dazu bei, Bob zu einer ruhigeren, zufriedeneren Katze zu machen. Er war weniger hektisch und aufgeregt, wenn er immer zur gleichen Zeit sein Fressen bekam: gleich als Erstes am Morgen und früh am Abend, gegen sechs. Und wenn er sich anschließend zu einem Nickerchen hinlegen konnte, war er weniger launisch. Weniger gereizt.

Später dann, als unsere Freundschaft sich auch auf eine regelmäßige Arbeitszeit ausgedehnt hatte, bewährte sich diese Routine noch mehr und festigte sich. Inzwischen war es Sommer geworden, und ich fuhr erst später nach Covent Garden, um dort zu spielen. Die Menschenmengen waren viel größer und am späten Nachmittag und Abend auch großzügiger.

Wir brauchten in der Regel eine Dreiviertelstunde, um in die Stadt zu kommen, also mussten wir vor fünf Uhr los, wenn wir den Feierabendverkehr erwischen wollten. Bob hatte sich angewöhnt, pünktlich um halb fünf zur Tür zu gehen. Er beendete sein Fressen und tappte durch den Flur, als wollte er sagen: »Beeil dich, Kumpel, der Bus wartet nicht auf uns!«

Ich hätte meine Uhr nach ihm stellen können. Tatsächlich war er mehr als einmal ein Wecker für mich und brachte mich in Bewegung, wenn ich mit den Gedanken woanders war.

Heute sehe ich, dass dieses Bedürfnis nach Gewissheit etwas Universelles ist – etwas, was jeder Einzelne von uns verspürt. Routine gibt uns einen Rahmen, und wichtiger noch, ein Gefühl von Sicherheit.

Wir alle brauchen unseren Raum

*J*e besser ich Bob kennenlernte – und seine Eigenarten als Katze –, desto klarer wurde mir, dass wir uns am Ende gar nicht so sehr unterscheiden. Und nachdem mir das bewusst geworden war, fing ich an zu begreifen, was er brauchte, um sich zu Hause zu fühlen.

Beispielsweise hatte ich gehört, dass ein eigenes Territorium für Katzen immens wichtig ist. Das ist der Grund, warum sie ihr Revier so sorgfältig markieren und die Duftdrüsen in ihren Tatzen einsetzen, um Duftspuren zu hinterlassen, wohin auch immer sie gehen. Es ist der Grund, warum sie sich reiben und an Möbeln kratzen – und an uns. Es verschafft ihnen Gewissheit, dass ihr Raum »sicher« ist.

Ich hatte versucht, Bob von seinem Tun abzubringen, ihn sanft weggeschoben, wenn er sich an den Möbeln gerieben hatte, und ihn daran gehindert, die Beine eines verschlissenen alten Sessels in der Ecke zu zerkratzen.

Erst als mich eines Nachmittags ein Freund mit seinem Hund besuchte, fiel bei mir der Groschen. Zuerst war Bob extrem abwehrend. Beim Auftauchen des Hundes in seinem Revier machte er einen Buckel, gab fauchende Laute von sich und verzog sich in eine sichere

Ecke. Der Hund bellte ein paar Mal, dann beruhigte er sich. Bob beobachtete den Besucher mit Argusaugen. Kaum war der Hund wieder zur Tür hinaus, wurde er aktiv, strich durch die Wohnung, rieb sich und kratzte an buchstäblich allem.

»Er nimmt sein Revier wieder in Besitz!«, sagte ich mir.

Wir alle brauchen unseren Raum. Wir alle ziehen es vor, ihn so zu gestalten, wie wir es brauchen, und markieren ihn mit unseren Möbeln, unseren Farben, Gemälden und Fotos an den Wänden, sodass er für uns identifizierbar ist. Und wir können sehr aufgebracht sein, wenn andere Menschen in diesen Raum eindringen und das Gleichgewicht stören.

Von diesem Moment an ließ ich Bob gewähren. Er reibt sich an mir, an den Möbeln, Türrahmen, Heizkörpern … An allem, was ihm das Gefühl verleiht, dass sein Territorium auch wirklich ihm gehört – ganz sicher.

Wir alle brauchen Unabhängigkeit

Bob war immer selbstständig. Ich denke, das rührt aus seiner Zeit auf der Straße her, als er auf sich allein gestellt war.

Er scheint gelernt zu haben, dass es normalerweise am besten ist, sich nur auf sich selbst zu verlassen, wenn man etwas im Leben braucht. Die Chancen sind hoch, dass niemand sonst dafür sorgt.

Er hat beispielsweise schon ziemlich früh gelernt, Schranktüren zu öffnen, um nach Futter zu suchen. Er hat auch gelernt, allein auf die Katzentoilette zu gehen, und einmal hat er – zu meinem Erstaunen – meine Toilette benutzt.

In den letzten Jahren wurde er noch einfallsreicher. In meinem neuen Haus kann Bob die Türgriffe betätigen, insbesondere den Griff der Tür zur Küche, wo ich sein Futter aufbewahre und wo die Wasserschüssel auf dem Boden steht.

Beeindruckender noch: Er hat gelernt, wie er an einem der Waschbecken im ersten Stock den Wasserhahn aufdrehen kann. Er liebt es, das fließende Wasser zu beobachten, und wenn ihm heiß ist, hält er die Pfote unter den Strahl und leckt daran, um seinen Durst zu stillen.

Mit all diesen Dingen bringt er mich immer aufs Neue zum Lächeln. Doch er macht mir auch etwas Wichtiges klar. Wir alle brauchen Unabhängigkeit. Wir brauchen das Gefühl, unser Leben selbst unter Kontrolle zu haben.

Wir alle wollen uns beschützt fühlen

*E*ines Tages, irgendwann zu Beginn unserer gemeinsamen Zeit, waren wir unterwegs in Central London, als sich in der Nähe eine laute Explosion ereignete. Zuerst herrschte Panik. Wir leben in gefährlichen Zeiten. Die Leute wussten nicht, was passiert war und ob sie in Deckung gehen oder wegrennen sollten. Doch nach einer Weile beruhigte sich alles wieder.

Bob war neben mir her gelaufen, als sich die Explosion ereignete. Er hatte instinktiv reagiert und war auf meine Schulter gesprungen. Ich war zu abgelenkt gewesen von all dem Drama, um es richtig zu bemerken. Doch nachdem die Dinge sich wieder beruhigten, wurde mir bewusst, dass er immer noch dort saß, eng um meinen Hals geschmiegt.

Er hatte sich angewöhnt, auf meiner Schulter zu sitzen, wenn wir durch die Stadt liefen, doch dies war das erste Mal, dass es in einem Reflex geschehen war, als würde er einen sicheren Hafen aufsuchen. Ich war gerührt. Es unterstrich mein Gefühl, dass er sich in meiner Gesellschaft sicher und behütet fühlte. Und dass Sicherheit einer der Gründe war, weshalb er beschlossen hatte, bei mir zu bleiben.

Wir alle brauchen dieses Gefühl von Sicherheit. Das Gefühl, dass wir von irgendjemandem oder irgendetwas beschützt werden.

Wir alle müssen wir selbst sein

*E*ines Nachmittags, am Anfang unserer gemeinsamen Zeit, nahm ich Bob mit in den Park bei The Embankment, in der Nähe der Stelle, wo wir bei der Charing Cross U-Bahn-Station gespielt hatten. Ich beschloss, mich hinzusetzen und ein wenig zu relaxen, während Bob sein Geschäft in den Büschen erledigte.

Ich hatte ihm eine lange Leine angelegt, die ich durch Befestigen einer Kordel noch verlängern konnte. Nach einer Weile spürte ich ein Zerren an der Kordel, wie bei einem Angler, der einen Fisch gefangen hat. Er versuchte offensichtlich, tiefer ins Gebüsch vorzudringen. Ich erhob mich und gab ihm mehr Leine in der Annahme, dass er noch auf der Suche nach einer geeigneten Stelle war.

Ein paar Minuten später tauchte er wieder auf – mit einer kleinen Maus zwischen den Zähnen. Die Maus war noch am Leben und zappelte verzweifelt in dem Bemühen, zu entkommen. Ich war im Begriff einzuschreiten, als es ihr gelang. Bob hatte sie für eine Sekunde auf den Boden gelegt, und sie flitzte blitzschnell davon.

Es hätte mich nicht weiter überraschen dürfen. Katzen sind räuberische Kreaturen. Sie sind einfach so. Wenn wir zusammen durch die Welt gehen, passieren derartige Dinge. Mir dämmerte eine Erkenntnis.

Wir sind alle keine Engel. Wir sind unvollkommene Geschöpfe. Und doch sind wir, wer wir sind. Es ist unsere Natur. So viele Leute versuchen, andere zu ändern – sie zu etwas umzuformen, das sie nicht sind. Ich würde das nicht tun.

Bob ist eine starke Persönlichkeit, und ich will, dass er er selbst ist. Zurückblickend denke ich, es ist ein weiterer der Gründe, weshalb er bei mir geblieben ist. Keiner von uns will Gefangener der Vorstellungen anderer Leute sein, wie wir zu sein haben. Wir alle brauchen die Freiheit, wir selbst zu sein.

Wir alle brauchen etwas, woran wir glauben können

Eines Abends saßen wir draußen auf dem Pflaster vor der U-Bahn-Station Angel, als ein gut gekleideter Typ die Treppe hochkam und zu einer Stelle ein paar Meter von uns entfernt ging, wo er ein Plakat aufstellte.

Darauf stand: »Glaub an Gott!«

Ich ließ ihn in Ruhe. Meine Rettung hing davon ab, ein weiteres Dutzend *Big Issue*-Magazine zu verkaufen, bevor die abendliche Rushhour zu Ende ging.

Innerhalb weniger Minuten hatte er angefangen zu predigen und aus der Bibel vorzulesen, doch nur wenige Menschen schenkten ihm Aufmerksamkeit. Manche beschimpften ihn unverhohlen. Ich bewunderte seine Beharrlichkeit. Er ließ sich nicht beirren. Er glaubt an irgendetwas, sagte ich mir.

Eine Weile beobachtete ich ihn fasziniert, während in meinem Kopf eine Frage Gestalt annahm.

Na ja, dachte ich. An was glaube ich eigentlich?

Genau in diesem Moment meldete sich Bob mit einem lauten Miauen. Es war sein »Ich hab Hunger«-Miauen.

Ich griff in meinen Rucksack und nahm ein Leckerchen hervor, dann beugte ich mich zu ihm, um ihn zu füttern. Er drückte sich gegen meine Hand und schnurrte leise.

Ich lächelte in mich hinein. Ich hatte meine Antwort.

»Du bist das, woran ich glaube, Bob«, sagte ich.

Und so war es auch.

Er hatte mir einen neuen Blickwinkel auf das Leben gegeben. Eine andere Perspektive. Und er hatte meinem Leben einen Sinn gegeben. Etwas, worauf ich mich konzentrieren konnte, eine Kontur für mein Alltagsleben. Eine Struktur, die es vorher nicht gegeben hatte.

In gewisser Hinsicht schien es Bob ähnlich gegangen zu sein. Er hatte ebenfalls etwas gesucht, woran er glauben konnte. Ich schätze, wir alle tun das.

Wir alle brauchen unseren eigenen Ort

*E*s war ein sonniger Wochenend-Nachmittag, kurze
Zeit nachdem Bob und ich in unser neues Haus in
der Vorstadtgegend von Surrey gezogen waren. Ich war
nach unten gekommen und hatte festgestellt, dass Bob
nirgendwo im Haus war. Instinktiv ging ich nach draußen in den kleinen Garten, wo Bob in den vergangenen Tagen angefangen hatte, seine neue Umgebung zu
erkunden, das Gras und die Pflanzen zu beschnüffeln
und die Vögel oben in den Bäumen zu beobachten. Und
tatsächlich, ich erhaschte einen kurzen Blick auf seinen
charakteristischen roten Pelz, gerade als er über den Gar-
tenzaun verschwand, vermutlich um das freie Gelände
dahinter zu erkunden.

Ich war überrascht. Bob war eigentlich keine Katze,
die sonderlich viel umherstreifte. Er zog es vor, in der
Nähe seines Zuhauses zu bleiben. Also war ich zwar besorgt, doch ich geriet nicht gleich in Panik.

Nach ein paar Stunden jedoch wurde ich nervös. Es
wurde Abend, und ich wollte nicht, dass er über Nacht
draußen blieb. Also ging ich in den Garten zurück und
fing an, nach ihm zu rufen.

Gerade wollte ich wieder ins Haus zurückkehren, als

ich Geräusche hörte. Ich erkannte sie sofort: zwei streitende Katzen.

Bob und eine große schwarze Katze hockten auf dem Zaun an der Seite des Hauses, keine zwei Meter voneinander entfernt. In dem Augenblick, als Bob mich sah, sprang er buchstäblich direkt in meine Arme. Es war, als wären wir seit Jahren getrennt gewesen, nicht nur ein paar Stunden.

Es war offensichtlich, was passiert war. Er hatte getan, was jeder mehr oder weniger tut, wenn er in ein neues Heim zieht. Genau wie ich musste er die Lage unseres Hauses kennenlernen und seinen Ort markieren. Nachdem er dies zu seiner Zufriedenheit erledigt hatte, war er zurück nach Hause gerannt. Seit jenem Tag ist er nicht mehr allein jenseits des Gartens gewesen.

Wir alle brauchen Dinge, die wir schätzen können

Das Geräusch des Staubsaugers hatte Bob in die obere Etage vertrieben. Er mochte die Maschine nicht besonders.

Ich hatte seit einer Weile nicht unter dem Sofa gesaugt. Es war erstaunlich, was ich fand, als ich das Sofa ein kleines Stück über den Teppich nach vorne schob.

Es war eine Räuberhöhle, angefüllt mit Bobs Schätzen.

Er bekommt regelmäßig Pakete mit Spielsachen von Fans aus der ganzen Welt, und er spielt ausgiebig damit. Irgendwie war es ihm gelungen, alle Mögliche ins Wohnzimmer zu schaffen und unter dem Sofa zu verstecken. Spielzeugtiere, Bälle, jede Menge andere Dinge. Doch das war noch nicht alles. Bob hatte die Angewohnheit entwickelt, endlos mit den Deckeln von Plastikflaschen zu spielen, die er in der Küche fand.

Unter dem Sofa hortete er ein ganzes Dutzend davon.

Ich warf die Deckel in den Müll und legte die Spielsachen zurück in die große Kiste im Flur.

Fasziniert schaute ich noch einmal hin. Warum hatte er sie gehortet?

Es war noch nicht allzu lange her, dass wir umgezogen

waren. Hatte er vielleicht Sorge gehabt, dass diese neue Umgebung von anderen Katzen oder Tieren bewohnt wurde, die seine Spielsachen stehlen könnten? Oder hatte er versucht, sie vor mir in Sicherheit zu bringen? Er hatte zugesehen, wie ich neue Möbel ins Haus gebracht und einige andere Dinge rausgeworfen hatte. Hatte er Angst, ich könnte seine Spielsachen wegwerfen?

Wie auch immer die Erklärung lautete, eine Sache war klar: Diese Dinge waren ihm wichtig. Zu wissen, dass sie da waren, verschaffte ihm ein Gefühl von Sicherheit und Geborgenheit. Als ich darüber nachdachte, wurde mir bewusst, dass ich nicht anders war.

Auch ich hütete einige Schätze – Fotos, Geschenke von Fans, Bücher, Souvenirs von meinen Reisen – und hatte sichere Orte für sie geschaffen, in meinem Wohnzimmer und im Büro.

Es hatte weniger mit ihrem materiellen Wert zu tun als damit, dass sie für mich von immenser innerer Bedeutung waren.

Das alles gehört zu dem Bedürfnis, unser Haus – und die kostbaren Dinge, die es zu einem Zuhause machen – sicher und geborgen zu wissen.

Wir alle brauchen auch Unsicherheit

*I*ch war soeben in mein neues Zuhause gezogen und hatte mir ein paar Selbstbaumöbel schicken lassen, die ich nach und nach in meinem Wohnzimmer und den anderen Zimmern zusammenbaute. Als Ergebnis war der Flur vollgestellt mit leeren Kartons, Styropor und Luftpolsterfolie.

Bob war selbstverständlich fasziniert von alledem. Für ihn war der chaotische Haufen Müll ein Abenteuerspielplatz, den er bei jeder Gelegenheit erkundete.

Ich war gerade damit fertig geworden, einen kleinen Tisch im Wohnzimmer zusammenzubauen, als ich ihn dort spielen sah.

Er war völlig fixiert auf die Luftpolsterfolie und das Styropor. Er war fasziniert von den quietschenden Geräuschen, die das Material machte. Auch zu den Kartons fühlte er sich hingezogen. Die kleineren eroberte er einen nach dem anderen, als wollte er herausfinden, welcher davon sich später am besten als Schlaflager eignen würde. Ich hatte nicht das Herz, ihm zu sagen, dass ich alles in die Recyclingtonne geben würde, sobald ich mit dem Zusammenbauen fertig war.

Die größeren Kartons, in denen die Schränke verpackt

gewesen waren, standen kreuz und quer übereinander-
gestapelt wie eine abstrakte künstlerische Skulptur. Bob
beschloss, die Skulptur zu besteigen. Die Konstruktion
war sehr wacklig, und ich ahnte schon, dass er zu schwer
war, doch ich ließ ihn gewähren.

Und tatsächlich, kaum hatte er den Gipfel des kleinen
Kartonberges erklommen, stürzte das ganze Gebilde mit
einem dumpfen Geräusch in sich zusammen. Beweglich
und geschickt, wie er war, brachte er sich mit einem be-
herzten Sprung in Sicherheit, während die Kartons zu
Boden polterten, und blickte leicht verärgert drein, weil
sein Spaß so abrupt zu Ende gegangen war.

Ich konnte nicht anders, ich musste laut lachen.

Mir wurde bewusst, dass wir alle Sicherheit brauchen,
doch manchmal benötigen wir auch Unsicherheit. Über-
raschungsmomente, die uns Herausforderungen besche-
ren und die Chance, etwas zu lernen. Sie helfen uns zu
wachsen. Zu lernen. Und wenn wir dabei auch noch Spaß
haben, umso besser.

Dritter Teil:
Erfolgsrezepte eines Katers – Wie man das Beste aus dem Leben herausholt

Katzen sind Experten darin, das Beste aus dem Leben zu machen. Sie wissen, was sie wollen und wie sie es bekommen. Und sie ziehen ihre Pläne mit messerscharfer Effizienz durch. Bob ist ein Meister darin, das Beste aus jedem einzelnen Tag herauszuquetschen. Er hat Erfolgsstrategien, die selbst die brillantesten Geschäftsleute blass aussehen lassen.

Doch er scheint auch zu wissen, wie man das Leben genießt und seinen Spaß daran hat. Wie man die positiven Seiten aus jeder Situation zieht. Wie man maximalen Spaß hat. Zeit mit ihm zu verbringen hat mir die Augen geöffnet für einige der Geheimnisse seines Erfolgs. Und ich habe immer wieder darüber nachgedacht, ob wir – zumindest hin und wieder – nicht alle davon profitieren könnten, wenn wir ein wenig so wären wie Bob.

Denke langsam, handle schnell

*E*s ist faszinierend, Bob dabei zuzusehen, wie er eine Entscheidung trifft. Bevor es dazu kommt, sitzt er häufig da wie ein kleiner Buddha, während er langsam die Möglichkeiten durchgeht, die sich ihm eröffnen. Man kann beinahe die Zahnrädchen in seinem Gehirn hören. Tick. Tick. Tick.

Dabei spielt es keine Rolle, worum es gerade geht. Vielleicht überlegt er, ob er sich räkeln soll, ein Nickerchen machen oder den Kopf in seinen Napf stecken, um etwas zu fressen. In jedem Fall setzt er sich erst in Bewegung, wenn er zu einer Entscheidung gekommen ist – nicht eine Sekunde früher, aber auch nicht eine Sekunde später.

Wenn er dann jedoch seinen Zug macht, dann mit Entschiedenheit. *Bamm*. Kein Zögern. Er weiß, was er will und wie er es kriegt. Und das tut er im Allgemeinen. Er handelt schnell und mit klaren Ergebnissen. In einer Welt, in der zu viele von uns unentschlossen sind oder überhastete Entscheidungen treffen, die wir hinterher bereuen, täten wir gut daran, uns eine Scheibe von Bob abzuschneiden.

Langsam denken und dann schnell handeln. Kein schlechter Plan.

Glaub an dich selbst

Katzen leiden nicht unter einem Mangel an Selbstvertrauen. Sie kennen keine Selbstzweifel. Zumindest nicht, soweit wir das sehen können.

Sie scheinen zu wissen, was sie wollen, und sind entschlossen, es zu bekommen.

Ich habe den starken Verdacht, dass dies einer der Schlüssel zu Bobs allgemeinem Wohlbefinden ist. Er strahlt stets Selbstvertrauen aus. Er scheint sich absolut wohlzufühlen in seiner Haut. Wir alle können davon lernen. Unsicherheiten und Selbstzweifel bremsen und hemmen uns nur.

Ich weiß, es ist nicht leicht, aber wir alle haben Stärken und Qualitäten, die uns helfen, Vertrauen in uns selbst zu finden. Wenn wir an uns selbst glauben, sieht die Welt gleich ganz anders aus.

Das Glück liegt im Inneren

*B*ob kann Stunden damit verbringen, sich ganz allein zu unterhalten. Er liegt den halben Tag auf der Fensterbank und beobachtet die Welt, die draußen vorbeizieht. In unserer alten Wohnung in North London sah er den Wolken zu oder dem fallenden Regen, den Leuten unten auf der Straße, dem Autoverkehr – alles war dazu geeignet, ihn zu unterhalten. In unserem neuen Zuhause ist es genauso. Er liegt da und sieht hinaus auf den Garten, fasziniert von der Welt da draußen.

Wenn ich ihn so beobachte, kommt mir oft der Gedanke, dass er etwas sehr Einfaches und doch sehr Grundlegendes verkörpert. Etwas, das zu verstehen viele Menschen Mühe haben. Es gibt ein berühmtes chinesisches Sprichwort: »Glück ist das Fehlen jeglichen Strebens nach Glück.«

Was, so denke ich, bedeutet, dass unser Glück nicht abhängig ist von anderen. Es ist nichts, wonach wir jagen müssen. Es liegt im Gegenteil in uns selbst.

Bob scheint das zu wissen.

Öffne deine Augen

Während unserer Zeit auf der Straße liebte Bob nichts auf der Welt mehr, als an einem sonnigen Tag neben mir auf dem Gehweg zu sitzen und still die Welt zu beobachten, die an uns vorbeirauschte. Auf seine eigene distanzierte Art, versteht sich.

Manchmal schien es, als hätte er die Augen geschlossen, doch ihm entging nichts. Nicht der Vogel, der in einem nahe gelegenen Papierkorb nach fressbaren Abfällen suchte, nicht der Straßenkünstler, der seine Utensilien auspackte, und auch nicht der Passant mit dem interessanten Outfit. Er hob dann still den Kopf, um sich das Geschehen genauer anzusehen. Er beobachtete und lauschte fasziniert und saugte alles in sich auf. Es war, als wüsste er, dass er etwas lernen konnte. Etwas Neues, Erhellendes oder einfach Amüsantes.

Wir gehen mit offenen Augen durch die Welt, doch es gibt Zeiten, da könnten wir sie genauso gut geschlossen haben. Wir sind zu hektisch, zu sehr in Beschlag genommen von unserem alltäglichen Leben, um das zu sehen, was sich vor uns abspielt.

Und das führt dazu, dass wir eine ganze Menge übersehen.

Rings um uns geschehen die erstaunlichsten Dinge

*B*ob hat eine verblüffende Wirkung auf Menschen. Männer und Frauen bleiben oft stehen, wenn sie ihn auf dem Gehweg liegen sehen, nicht selten zu Tränen gerührt. Als hätten sie einen versteckten Schatz gefunden oder einen lange vermissten Verwandten. Sie hocken sich vor ihn hin, kraulen ihn ein paar Minuten lang und sind wie verwandelt. Häufig sind sie nicht einmal Katzenliebhaber.

Angesichts dessen habe ich angefangen, mich zu fragen, wie wir eigentlich die Welt sehen. Wenn Menschen nach Inspiration suchen, richten sie den Blick fast immer nach oben. Zu den Wolken. Gen Himmel. Das ist nur natürlich. Man hat uns immer gesagt, dass der Himmel der Ort ist, wo die wahren Wunder des Lebens liegen. Greift nach den Sternen, sagt man uns. Niemals in die Gosse.

Und doch erscheint es wenigstens mir so, dass sich unsere Phantasie, unser Bewusstsein, und am meisten von allem unsere Herzen, noch viel weiter öffnen, wenn wir an unerwarteten Orten nach Inspiration suchen.

Schönheit und Wunder gibt es überall. Wir müssen uns nur die Mühe machen, danach Ausschau zu halten.

Wenn du eine Gelegenheit siehst, ergreif sie

Bob ist – wie jede andere Katze auf der Welt – ein Opportunist. Er macht das Beste aus jeder Gelegenheit, die sich ihm präsentiert.

Es könnte das Angebot eines Snacks sein oder eines Leckerchens. Eine Einladung, sich den Bauch kraulen zu lassen oder im Park spazieren zu gehen und das Gebüsch zu erkunden. Was auch immer es ist, seine Einstellung dazu lautet: »Wenn es sich anbietet, nehm ich es.«

In derartigen Situationen macht er nicht endlos *Hmmm* und *Haaah*. Er wiegt die Vor- und Nachteile nicht lange gegeneinander ab. Er sieht die Tür – und ist hindurch. Es gibt Zeiten in unser aller Leben, wo wir gut daran täten, mit der gleichen Einstellung vorzugehen.

Wenn du eine Gelegenheit siehst, ergreif sie.

Halt dich nicht an kleinen Dingen fest

*E*s gibt ein bekanntes, schon etwas älteres Buch mit dem Titel *Alles kein Problem*. Die grundlegende Botschaft ist einfach: Lass dich nicht von Kleinigkeiten oder Rückschlägen im Leben ärgern. Lass sie los. Betrachte sie aus der richtigen Perspektive. Mach sie nicht größer, als sie sind, dann machen sie dich auch nicht unglücklich und stressen dich nicht.

Bob scheint diese Philosophie verinnerlicht zu haben.

Er gerät selten in Streit mit einer anderen Katze oder mit einem Hund, und wenn es doch einmal geschieht, dann scheint er es nicht an sich heranzulassen. Sobald die Konfrontation vorbei ist, geht er weiter. Egal, was dabei herausgekommen ist.

Wir Menschen tun uns schwer damit. Wir neigen dazu, nach Rache oder Vergeltung zu dürsten. Selbst die kleinsten Dinge persönlich zu nehmen und darauf herumzukauen. Ich weiß natürlich nicht genau, was in Bobs Gehirn vorgeht, aber er scheint einfach weiterzumachen. Als wüsste er, dass Ärger oder Rachedurst Zeitverschwendung sind. Ich habe den starken Verdacht, dass das einer der Gründe ist, warum er so ein zufriedenes Leben führt.

Sei dankbar

Wie alle Katzen scheint Bob in der Gegenwart zu leben. Wer weiß schon, ob er über die Vergangenheit nachdenkt, oder über die Zukunft? Ziemlich klar ist jedoch, dass er sich in seinem täglichen Leben mit dem Hier und Jetzt befasst. Wenn er beschließt, ein Nickerchen zu machen, schert es ihn nicht, ob nur das kalte Straßenpflaster oder ein behagliches Sofa zur Verfügung steht. Es macht für ihn keinen Unterschied. Er rollt sich zusammen und döst ein, ungeachtet dessen, was rings um ihn herum vorgeht.

Genauso ist es mit den Mahlzeiten. Es kümmert ihn nicht, ob in seinem Napf eine Handvoll Trockenfutter oder ein Gourmet-Thunfisch ist, er schlingt alles mit der gleichen Inbrunst herunter. Sein Motto ist: »Das ist mein Futter. Ich esse, was in meinem Napf ist.«

Ich habe ihn oft beobachtet und mich gefragt, ob wir alle nicht etwas daraus lernen können. Tatsache ist, keiner von uns wird jemals alles bekommen, wonach er in seinem Leben strebt. Keiner. Wir können arbeiten und danach streben, die Dinge besser zu machen, keine Frage. Aber wir kriegen niemals alles, was wir wollen. Das ist schlicht unmöglich.

Und das bedeutet, dass wir, während wir durch unser Leben gehen, eine Wahl haben.

Wir können uns entweder verzetteln, besessen sein von dem, was wir nicht besitzen, von der Tatsache, dass wir es niemals haben werden – oder wir lernen zu schätzen, was wir haben.

Erobere jeden Tag

*M*anchmal beobachte ich Bob morgens voller Neid. Er wacht auf, futtert sein Frühstück und beginnt den Tag, ungeachtet all dessen, was gestern oder vorgestern passiert ist.

Für ihn markiert jeder Morgen nicht nur den Beginn eines neuen Tages, sondern eine neue Gelegenheit, glücklich und zufrieden zu sein. Eine Gelegenheit, all die Dinge zu genießen, die das Leben ihm zu bieten hat.

Oft sage ich mir, dass das nicht die schlechteste Lebensphilosophie ist und dass es sich lohnen würde, sie zu übernehmen. Insbesondere, wenn das Leben gerade nicht so ganz einfach ist. Wenn man vergessen kann, was gestern war, wenn man den neuen Tag als einen frischen Start betrachten kann, dann ist man auf dem besten Weg, dafür zu sorgen, dass es tatsächlich ein besserer Tag wird.

Erkenne deine Grenzen

*T*rotz all seines Selbstbewusstseins geschieht es nur selten, dass Bob sich überschätzt und mehr abbeißt, als er kauen kann. Es ist, als würde er seine Grenzen kennen. Er ist niemals zu ehrgeizig.

Es ist, als hätte er das alte chinesische Sprichwort verinnerlicht: Ein Vogel kann immer nur auf einem Zweig sitzen, und eine Maus kann nicht mehr aus einem Fluss trinken, als in ihren Magen passt.

Wie oft sage ich mir das selbst.

Wir alle sollten unsere Grenzen kennen – und akzeptieren.

Jeder neue Tag hat etwas Gutes

Das Leben auf der Straße konnte ein einziges Elend sein. Ich wurde ignoriert, beschimpft und gelegentlich sogar angespuckt.

Doch Bob war immer da, um mich wieder aufzumuntern. Vielleicht mit irgendeiner Albernheit, oder in einem Moment im Bus, wenn er sich neben mir auf dem Sitz zusammenrollte. Wann immer er das tat, erinnerte er mich an etwas Universelles.

Vielleicht ist nicht jeder Tag so richtig gut. Aber irgendetwas Gutes hat jeder Tag.

Lass die Sonne herein

Bob und ich verbrachten einen Großteil unseres ersten Sommers gemeinsam auf dem Straßenpflaster in der Nähe von Covent Garden, wo ich während der Rushhour Straßenmusik machte. Es war vom Wetter her nicht der schönste Sommer. Der Himmel war oft bedeckt, und wir sahen nur ab und zu mal die Sonne.

Doch wann immer sie auf uns herabschien, bemerkte ich, dass sie augenblicklich eine Wirkung bei Bob hervorrief. Er verbrachte den größten Teil unserer Tage zu einer Kugel zusammengerollt, während er still die Touristenströme und die Massen von Ladenbesuchern beobachtete, die an uns vorbeieilten. Doch sobald die Sonne zwischen den Wolken hervorkam, war er eine Katze auf einer Mission. Er geriet in Bewegung, wandte sich hierhin und dorthin auf der Suche nach dem sonnigsten Fleckchen. Dann streckte er sich lang hin und breitete sich aus, um möglichst viel Wärme einzufangen.

Oft war es nur eine vorübergehende Gelegenheit. Schnell war die Sonne wieder hinter der nächsten Wolke verschwunden. Doch das störte Bob kein bisschen. Er war stets fest entschlossen, das absolut Meiste aus jedem Sonnenstrahl herauszuholen, sobald er sich zeigte.

Ich musste dann jedes Mal in mich hineinlächeln. Ich war voll Bewunderung für ihn – und seine Philosophie. Das Leben ist kurz. Manchmal muss man jedes Gramm Freude und Vergnügen herausquetschen, das man kriegen kann. Die Sonne scheint nicht immer. Aber wenn sie da ist, sollte man sie hereinlassen.

Such dir deine Kämpfe mit Sorgfalt aus

E's war ein heller Sommertag, das Fenster stand offen, und Bob sah sich mit einem Dilemma konfrontiert. Auf der einen Seite war er glücklich und zufrieden, auf dem Fensterbrett zu liegen, während das Sonnenlicht in unser Wohnzimmer strömte. Auf der anderen Seite war er irritiert von den Bienen, die um die Gartenblumen unter dem Fenster summten. Er wollte, dass sie verschwanden.

Ein paar Minuten beobachtete ich ihn, wie er seine Möglichkeiten abwog. Ganz offensichtlich fragte er sich: »Kann ich die kriegen?«

Im Haus wäre die Sache anders gelaufen. Doch es war klar, dass ein Präzisionsstreich erforderlich war, um durch das Fenster nach draußen auf das Blumenbeet zu springen und die Bienen zu schnappen. Es war so gut wie unmöglich, eine Chance von eins zu einer Million – trotzdem dachte er darüber nach. Und über noch etwas anderes.

Das andere, das ihn ärgerte, war eine Box mit Papiertüchern auf dem Sims. Er hatte sich dicht danebengelegt und war unübersehbar sauer, dass sie dort stand. Die Sonne schien genau dort am wärmsten, wo die Box stand.

73

Es dauerte eine Minute oder so, bis er mit seinen Überlegungen zu einem Ergebnis gekommen war. Als es so weit war, ging sein Blick zwischen den Bienen draußen und der Tücherbox auf dem Fenstersims hin und her. Was tun?

Dann ging alles ganz schnell und sehr entschieden vor sich. In einer blitzartigen Bewegung wischte er mit der Pfote die Box vom Fensterbrett, sodass er nun den besten Platz hatte. Dann streckte er sich dort aus, um die Sonne in sich aufzusaugen. Die Bienen waren vergessen.

Es war ein Lehrbeispiel. Wenn du mit einem Problem konfrontiert bist, an dem du etwas tun kannst, dann tu es. Aber wenn du nichts tun kannst – lass es. Denk nicht mehr dran. Konzentrier dich auf das, was du ändern kannst, und vergiss, was du nicht ändern kannst.

Das Leben ist viel einfacher und freudvoller, wenn du dich an diesen einfachen Rat hältst.

Neugier ist nicht der Katze Tod

Wenn es ein Sprichwort gibt, mit dem ich überhaupt nicht einverstanden bin, dann dieses: Neugier ist der Katze Tod. Ich begreife es einfach nicht. Neugier ist meiner Meinung nach ein entscheidender Bestandteil des Wesens jeder Katze. Sie ist ein Lebensretter, und sie gehört ganz einfach zum Alltag einer Katze.

Bob liebt es, Dinge zu erkunden. Wohin auch immer wir gehen, er kundschaftet seine Umgebung aus. Er setzt sich erst dann zufrieden hin, wenn er den Ort komplett gecheckt hat. Er verbringt Ewigkeiten damit, herumzuschnüffeln und den Kopf in Ritzen und Spalten zu stecken, bis er sicher ist, dass er alles gesehen hat, was es zu sehen gibt.

Das ist zum Teil eine instinktive Verhaltensweise von Katzen. Er will sich sicher fühlen. Er markiert sein Revier. Aber zum anderen Teil ist es auch Neugier – und nach der Art und Weise zu urteilen, wie er mit dem Schwanz wedelt und lässig umherschlendert, macht ihn das Erkunden der Welt ringsum glücklich.

Zu viele von uns führen ein Leben ohne jede Neugier. Zu viele haben Angst davor, das Vertraute und Erprobte hinter sich zu lassen. Zu viele halten sich an die ausgetretenen Pfade, statt neuen Wegen zu folgen, einen einge-schlagenen Weg zu verlassen. Wir alle sollten gelegent-lich das Unbekannte willkommen heißen.

Neugier ist niemandes Tod. Ganz im Gegenteil – sie ist die Basis für einige der besten Dinge im Leben.

Genieße die Reise – immer

Es war ein windiger Herbsttag, und wir gingen in einem nahe gelegenen Park spazieren, als Bob einen kleinen Haufen herabgefallener Blätter erspähte. Der Wind hatte sie zu einer Pyramide zusammengeweht. Bob schlenderte zu der Stelle und watete in den Blätterberg hinein, bis er so tief drin war, dass seine Beine verschwanden. Plötzlich fing er an, mit den Pfoten hektisch nach den Blättern zu schlagen.

Es war saukomisch. Für eine Weile verschwand er fast hinter einem Wirbel aus goldenen, braunen und grauen Blättern. Ich hatte natürlich nicht die geringste Ahnung, was in seinem Kopf vor sich ging. Vielleicht war er zu dem Schluss gekommen, dass sich etwas unter dem Berg versteckte? Vielleicht hatte er eine Maus gewittert oder irgendwas Essbares.

Nicht lange, und der Berg war abgetragen und zu einer breiten Decke aus Blättern geworden. Und tatsächlich, dort lag jetzt etwas auf dem Gras und glänzte in der Nachmittagssonne. Leider war es nicht halb so aufregend, wie Bob es sich vielleicht erhofft hatte – es war eine alte, verbeulte Cola-Dose.

Er schubste sie mit der Nase an, um sich zu überzeugen, dass sie wirklich so langweilig war, wie sie aussah. Dann trabte er weiter, begierig, einen weiteren kleinen Haufen Blätter zu durchstöbern. Die Enttäuschung des ersten Haufens war bereits vergessen.

Ich saß auf einer Bank und beobachtete das Spiel, und ich konnte nicht anders als lächeln. Ich fühlte mich an das alte Sprichwort erinnert: »Hoffnungsvoll zu reisen ist besser als anzukommen.« Wir legen so viel Wert darauf, unsere Ziele zu erreichen, dass wir oft vergessen, uns am Weg dorthin zu erfreuen.

Wir sollten Bobs Beispiel folgen und einfach die Reise als das genießen, was sie ist. Unabhängig von der Frage, wohin sie uns führt.

Mach die Dinge Schritt für Schritt

*E*ines Morgens saß ich in meinem Wohnzimmer und beschäftigte mich mit meinen E-Mails, als ich in der Küche ein Geräusch hörte.

Ich fand Bob vor dem Kühlschrank. Er saß da und starrte wie gebannt nach oben auf irgendetwas.

Dann sah ich, dass eines seiner Lieblingsleckerchen gefährlich auf der Kante des Kühlschranks balancierte. Ich musste es dort vergessen haben.

Es war nicht mehr lange bis zum Tee, deshalb wollte ich nicht, dass er jetzt noch naschte. Also ignorierte ich ihn und kehrte zu meiner Arbeit zurück. Ich saß über einer Antwort auf eine E-Mail, die mich ein bisschen sauer gemacht hatte, und wollte meinem Frust Luft machen.

Aus den Augenwinkeln sah ich, dass Bob angefangen hatte, vor dem Kühlschrank auf und ab zu laufen. Dann sprang er auf die Arbeitsfläche neben dem Kühlschrank, vielleicht anderthalb Meter von seinem Leckerchen entfernt.

Er hatte ein Problem. Wenn er hochsprang, riskierte er, dass es an der Seite des Kühlschranks herunter und in eine Spalte fiel, wo es unerreichbar war. Also saß er dort und studierte die Situation. Wog seine Möglichkeiten ab.

Ich überließ ihn sich selbst. Ich war zu beschäftigt.

Ein paar Augenblicke später sah ich erneut zu ihm. Bob hatte ein Paket mit Trockenfutter unter dem Leckerchen in Position gebracht. Darauf stand er nun und reckte sich in die Höhe. Mit einer unendlich behutsamen Bewegung seiner Pfote schob er das Leckerchen in die richtige Richtung. Dann stieg er herunter, richtete sich neu aus und wiederholte den Vorgang. Das machte er dreimal, und dann, beim vierten Mal, kippte das Leckerchen und fiel – auf den Küchenboden.

Mission erfolgreich.

Ich hatte eine recht harsche E-Mail geschrieben, doch noch nicht abgeschickt. Während ich das Leckerchen auspackte und Bob den Inhalt gab, entschied ich mich, sie nicht zu senden. Später schrieb ich meine Antwort neu, in gemäßigterem Ton. Und so erhielt ich das Ergebnis, das ich mir gewünscht hatte.

Manchmal muss man seine Ziele verfolgen, indem man listig vorgeht. Intelligent. Geduldig.

Schritt für Schritt.

Vierter Teil:
Bob gegen den Rest der Welt –
Wie man den Alltag überlebt

Man sagt oft, Wissen kommt vom Lernen, Weisheit hingegen vom Leben. Ich kann dem nur zustimmen. So viel von dem, was wir wissen, stammt aus zweiter Hand, aus Büchern, Filmen oder vom Fernsehen. Nur wenige von uns verfügen über Wissen aus eigener Erfahrung.

Daran muss ich oft denken, wenn ich Bob ansehe. Sein Wissen stammt nicht aus zweiter Hand. All seine Weisheit hat er auf die harte Tour erworben, während der Jahre auf der Straße, wo er mit allen möglichen Menschen, allen möglichen Situationen fertig werden musste.

Deshalb fand ich es immer besonders interessant, diese Weisheit zu begreifen. Und warum sie so wertvoll ist. Er hat mir eine Menge darüber beigebracht, mit so ziemlich allem klarzukommen – und vielleicht sogar daraus zu lernen –, was das Leben für uns bereithält.

Lass nicht zu, dass ein schlechtes Gestern dir dein Heute verdirbt

*B*obs Fähigkeit, schlechte Erfahrungen abzuschütteln, lässt sich in einem Erlebnis zusammenfassen, das wir eines Abends in Central London hatten. Wir waren auf dem Heimweg nach einem geschäftigen Tag, angefüllt mit Interviews und Promotion-Aktionen für den Kinofilm *Bob der Streuner.*

Ich wollte gerade ein Taxi anhalten, als jemand anfing, laut in meine Richtung zu schimpfen. Es war eine gutsituierte Lady, dem Aussehen nach in den Sechzigern. Sie fuchtelte mit einem Stock und war sichtlich erregt.

»Das ist Tierquälerei!«, rief sie empört. »Sie dürfen dieses Tier nicht an einer Leine halten. Ich werde Sie beim Tierschutzverein anzeigen!«

Ich wandte mich zu ihr und versuchte mit ihr zu reden. Doch sie ließ meine Argumente nicht gelten.

Bob hatte gespürt, dass sie keine freundliche Seele war, und auf meiner Schulter eine abwehrende Haltung eingenommen. Ich wusste aus Erfahrung, dass, sollte diese Lady uns zu nahe kommen, Bob nach ihr schlagen würde. Und ich wollte nicht, dass das geschah. Das war nicht die Art von Publicity, die wir wollten! Glücklicherweise tauchte in diesem Moment ein Taxi mit eingeschalteten gelben Lichtern auf. Ich hielt es an und sprang hinein.

Die Begegnung nagte während des gesamten Heimwegs an mir. Ich hatte den ganzen Tag hart gearbeitet, stundenlang mit Journalisten und Fernsehmoderatoren gesprochen und ständig die positive, optimistische Botschaft unserer Geschichte betont. Der Wortwechsel mit der Lady auf der Straße hatte weniger als eine Minute gedauert, doch irgendwie hatte das ausgereicht, mir das positive Gefühl aus den vorangegangenen acht oder neun Stunden zu verderben.

Doch dann sah ich hinunter zu Bob, der neben mir auf dem ledernen Sitz des Taxis lag und sich leise schnurrend das Fell leckte. Er sah absolut zufrieden aus. Die Konfrontation mit der Lady hatte ihn ebenfalls aufgeschreckt, doch er hatte die Begegnung längst abgestreift. Er hatte sie vergessen.

»Recht hast du«, sagte ich zu ihm. »Wie heißt das alte Sprichwort so schön? Lass nicht zu, dass ein schlechtes Gestern dir dein Heute verdirbt.«

Weisheit ist die Tochter der Erfahrung

Seit seinen ersten Tagen bei mir wirkte Bob stets dann am stärksten fokussiert, wenn er sich irgendwie bedroht fühlte. Seine Augen zucken dann umher, seine Ohren sind aufgerichtet, und sein Schwanz steht kerzengerade hoch. Es ist, als wäre er bereit für alles, was da kommen mag. Als wäre er auf das Schlimmste gefasst.

Das ist natürlich Katzeninstinkt, doch ich habe mich oft gefragt, ob es nicht auch mit seiner Vergangenheit zu tun hat, mit den Problemen, die er in seinen frühen Tagen auf der Straße bewältigen musste. Wurde er beispielsweise einmal von einem Hund angegriffen? Ist das der Grund für sein Misstrauen gegen manche aggressive Hunderassen?

Was auch dahinterstecken mag, entscheidend ist, dass er daraus gelernt hat. Weisheit ist in diesem Fall die Tochter der Erfahrung. Die Weisesten unter uns sind diejenigen, die wie Bob klare Lehren aus den negativen Seiten des Lebens ziehen.

Lass dich nicht von Angst beherrschen

Wie wir alle, so hat auch Bob ein paar Launen und Abneigungen. Ein paar Dinge, die ihm das Fell sträuben oder ihn rastlos werden lassen. Er hasst beispielsweise das Geräusch, das die hydraulischen Bremsen von Lastwagen erzeugen. Er kann auch ärgerlich auf aggressive Hunde oder Menschen reagieren. Laute Musik mag er auch nicht, vor allem jetzt, wo er älter wird.

Im Allgemeinen jedoch gibt es nur wenig, was ihn verängstigt oder wütend macht. Er verlässt sich auf seine Erfahrung. Er hält einfach Augen und Ohren offen – und die hochempfindlichen Schnurrhaare bereit. Und wenn er wegen irgendetwas oder irgendjemandem unsicher ist, reagiert er sofort. Er kämpft, erstarrt oder ergreift die Flucht. Und er handelt entschieden in der jeweiligen Situation.

Wir scheinen in einer Welt zu leben, die erfüllt ist von Beklemmungen. Menschen sind gelähmt vor Angst, manche mit gutem Recht, andere vollkommen irrational. Wir alle könnten eine Lektion von Bob lernen. Er ist vorsichtig und hält die Augen offen – doch er lässt nicht zu, dass Angst seine Welt beherrscht.

Beurteile ein Buch nicht
nach seinem Einband

In der Zeit, als er seine Tage und Nächte auf den Straßen verbrachte, hat Bob das Beste und das Schlechteste der menschlichen Natur gesehen. Die meisten Menschen, denen er begegnet ist, waren freundlich zu ihm, doch manche waren auch gemein. Er hat sehr starke Instinkte entwickelt, was Menschen angeht.

Wenn er heute eine freundliche, warmherzige Person spürt, lässt er sie an sich heran und von ihr kraulen. Doch jemanden, der darauf aus ist, ihm Schaden oder Schmerz zuzufügen, wittert er schon aus einer Meile Entfernung. Und wenn er sich bedroht fühlt, lässt er es seine Umgebung wissen. Sein Fauchen muss man gehört haben. Er hat mich bei mehr als einer Gelegenheit vor potenziellen Bedrohungen geschützt.

Dabei ist eins ganz wichtig: Seine Einschätzung hat nichts mit dem äußerlichen Erscheinungsbild des jeweiligen Menschen zu tun. Wie jemand aussieht, wie er sich kleidet oder welche Hautfarbe er hat, das alles ist Bob ganz egal. Er sieht, was im Innern vorgeht. Er kann gute und böse Menschen unterscheiden.

Er beurteilt nie ein Buch nach seinem Einband.

Schutz gegen unbedachte Gedanken

*I*ch versuche stets, Bobs Beispiel zu folgen. Ich tue mein Bestes, die Menschen nicht nach ihrem Äußeren zu beurteilen, sondern nach dem, was in ihnen ist.

Aber das funktioniert nicht immer.

Eines Morgens während der Filmarbeiten in Covent Garden – wir warteten auf unseren Auftritt –, fiel mir ein Typ auf, der sich in unserer Nähe herumtrieb. Eine große, schlanke Gestalt in Jeansjacke, Jeanshose und Sneakers. Er wirkte angespannt. Ich wurde sofort misstrauisch. Ringsum stand teures Equipment. Wer konnte schon sagen, was er vorhatte? Wollte er etwas stehlen? Oder schlimmer, Bob Schaden zufügen?

Ich ging auf ihn zu.

»Was immer du im Schild führst, Mann, vergiss es«, sagte ich.

Er blickte verwirrt drein. »Nein, James. Ich bin nicht hier, um Ärger zu machen. Ich bin Simon.«

Jetzt war ich an der Reihe, verwirrt zu sein.

»Simon? Welcher Simon? Und woher kennst du meinen Namen?«

Der Typ lächelte.

»Simon von Centre Point. Es ist fünf Jahre her. Wir haben uns ein Zimmer geteilt. Erinnerst du dich nicht?«

Ich erstarrte. »O mein Gott!«

Wir umarmten uns innig; zwei Freunde, die sich aus den Augen verloren hatten.

Vor einigen Jahren waren wir beide obdachlos gewesen und hatten in der gleichen Unterkunft Zuflucht gefunden. Irgendwann hatten sich unsere Wege getrennt. Simon lebte inzwischen in Glasgow, doch er hatte von Bob und mir gehört und war gekommen, um uns zu sehen. Er hatte sich in respektvollem Abstand gehalten, um nicht bei den Filmarbeiten zu stören, bevor er zum Hallo-Sagen kommen wollte.

Es war eine ernüchternde Lektion. Ich hatte immer mit Vorurteilen anderer gegen mich zu kämpfen. Nur weil ich auf der Straße musizierte, war ich kein schlechter Mensch. Und jetzt hatte ich mich des gleichen Vergehens schuldig gemacht. Ich hatte mir Bobs Lektion nicht zu Herzen genommen und ein Buch nach seinem Einband beurteilt.

Es gibt ein altes Sprichwort: »Dein schlimmster Feind kann dir nicht so viel Schaden zufügen wie deine eigenen unbedachten Gedanken.« Die Begegnung mit Simon hat mich gelehrt, meine Gedanken besser im Zaum zu halten.

Bleib der Sonne zugewandt

Die Beschimpfungen, die ich während meiner Zeit als Straßenmusiker oder Zeitungsverkäufer gehört habe, waren ein fester Bestandteil meines Lebens. Fast jeden Tag rief mir irgendjemand irgendwas hinterher. Man gewöhnt sich nie daran, doch man lernt, damit zu leben.

Es gab Zeiten, da habe ich zurückgebissen und geantwortet. Doch das war eine sinnlose Übung. Es hat keinen Zweck, sich mit Leuten abzugeben, die – in aller Ehrlichkeit – es nicht verdienen, dass man sich mit ihnen auseinandersetzt. Ich habe mich dabei nur immer noch mehr aufgeregt.

Bob bei mir zu haben hat mir gewaltig geholfen. Er zwang mich beinahe physisch zu einer anderen Herangehensweise. Er saß auf meiner Schulter, das Gesicht nach vorn gerichtet, und sah geradeaus anstatt zurück. Es dämmerte mir eines späten sonnigen Sommernachmittags, als wir Covent Garden in Richtung Leicester Square durchquerten, wo ich mit einem Freund verabredet war. Irgendein Idiot hatte mir soeben eine Beschimpfung hinterhergerufen, doch ich ignorierte ihn. Ich lief einfach weiter, mit Bob auf der Schulter, in Richtung der untergehenden Sonne.

»Wie heißt das Sprichwort so schön, Bob?«, sagte ich leise zu meinem Kater. »Dreh das Gesicht in die Sonne, und die Schatten fallen hinter dich.«

Manchmal ist es gut, nicht zu bekommen, was man will

E's gibt ein altes buddhistisches Sprichwort, das da lautet: »Manchmal ist es ein wunderbarer Glücksfall, wenn man nicht bekommt, was man will.« Ich hatte seine volle Bedeutung nie wirklich verstanden, bis zu jenem Tag zu Beginn meiner Zeit mit Bob, als mein Leben eine dramatische Wende nahm.

Bob und ich hatten uns abgemüht, genügend Geld mit Straßenmusik in der Gegend von Covent Garden zu verdienen. Ich war regelmäßig mit den Behörden in Konflikt geraten und hatte eine besonders schlechte Beziehung zu dem Personal der U-Bahn-Station: Die Leute dort wollten nicht, dass Bob und ich vor dem Eingang saßen. Die Sache gipfelte darin, dass man mich fälschlicherweise beschuldigte, eine Kontrolleurin beschimpft zu haben. Ich wurde verhaftet und verbrachte eine Nacht in der Zelle.

Die Ermittlungen wurden schließlich eingestellt, doch ich hatte meinen Weckruf gehört. Ich hatte immer davon geträumt, die Straßenmusik als Startrampe für eine Karriere als Musiker zu nutzen. Die Nacht in der kalten Zelle brachte mich zu der Einsicht, dass ich zumindest kurzfristig nicht imstande war, dieses Ziel zu erreichen.

Ich musste mich um Bob kümmern, nicht nur um mich selbst. Ich musste etwas ändern.

Wie sich herausstellte, war es das Beste, was mir hatte zustoßen können. Anstatt Straßenmusik zu machen, fing ich an, die Obdachlosenzeitung *The Big Issue* zu verkaufen, zuerst im West End, später dann an der U-Bahn-Station Angel in Islington. Und genau dort nahm mein Leben eine verrückte Wende. Ich fiel einer Literaturagentin auf und wurde gebeten, ein Buch über mein Leben mit Bob zu schreiben.

Ich denke oft über diesen Wendepunkt nach. Ich hatte so viel Glück gehabt! Zuerst konnte ich knapp einer falschen Anschuldigung entgehen, doch wichtiger, ich war gezwungen gewesen, etwas zu ändern.

Natürlich konnte ich nicht vorhersehen, welche Richtung mein Leben nach diesem Punkt nehmen würde. Doch es besteht kein Zweifel – indem ich nicht bekam, was ich wollte, durfte ich dieses wunderbare Glück erleben.

Wo immer du deinen Hut ablegst

Während der Dreharbeiten zu dem Kinofilm *Bob der Streuner* verbrachten Bob und ich eine Menge Zeit in den Twickenham Film Studios.

Es war eine ungewohnte, befremdliche Umgebung. Die Beleuchtung, der Lärm, die fremden Gesichter – all das hätte neunzig Prozent aller Katzen zum Durchdrehen gebracht, da bin ich mir ziemlich sicher. Doch Bob, der zu Beginn durchaus ein wenig nervös war, passte sich sehr schnell an.

Er machte ein Nickerchen, wenn ihm danach war. Er ging auf Erkundungstour, wenn er wollte.

Aber er arbeitete auch hart. Die Set-Designer hatten eine Kopie meiner Wohnung in North London erschaffen, wo Bob und Luke ihre Szenen vor der Kamera spielten. Es war eine langwierige, anstrengende Arbeit, doch Bob machte das nichts aus.

Sobald er jedoch das verräterische Klingeln hörte und das Aufnahmelicht von Rot auf Grün wechselte – das Signal, dass das Filmen vorbei war –, folgte er den Stromkabeln aus der Tür hinaus in seine Ankleide, wo er, wie er wusste, Futter bekam.

Es gab nie einen Mangel an Freiwilligen, die ihn fütterten. Die halbe Filmcrew lief mit Paketen von Dairley Dunkers oder Dreamies herum, bereit, Bob bei jeder Gelegenheit zu verwöhnen.

Gegen Ende der Dreharbeiten wurde ich gefragt, wieso er sich so gut eingelebt hatte. Eine gute Frage. Meine Anwesenheit war natürlich wichtig. Er fühlte sich sicher in dem Wissen, dass sein »Beschützer« bei ihm war. Doch das war nicht alles. Bob liebt auch Routine. Die Vorhersehbarkeit und Ordnung der täglichen Arbeit auf dem Filmset wirkten beruhigend auf ihn.

Am wichtigsten jedoch, denke ich, war die Tatsache, dass Bob während seiner Tage als Streuner gelernt hatte, dass er die Gelegenheit nutzen musste, wann immer er ein warmes Bett finden konnte. Leben bedeutet Anpassung. Das Beste aus dem zu machen, was man vorfindet. Und manchmal bedeutet es auch, sich zu Hause zu fühlen, ganz gleich, wo man den Hut gerade hingelegt hat.

Erwarte nichts

Eines späten Nachmittags, als Bob und ich in Covent Garden Straßenmusik machten, sprach uns eine sehr glamouröse und attraktive junge Frau an. Nach der Art zu urteilen, wie sie gekleidet war – in ein glitzerndes schwarzes Kostüm mit blitzendem Schmuck um den Hals, der vermutlich ein kleines Vermögen wert war –, nahm ich an, dass sie auf dem Weg zum Theater oder der Oper im nahe gelegenen West End war. Sie sah Bob und mich und blieb für einen Moment stehen.

»Oh, wie süß!«, sagte sie. »Was für eine wunderschöne Katze!« Sie lächelte und machte ein Foto mit ihrem ziemlich teuer aussehenden Mobiltelefon.

Es war nicht der ertragreichste aller Nachmittage gewesen, deshalb schlug ich höflich – wie ich das häufig machte – vor, dass sie für das Foto ein oder zwei Pfund in meinen Gitarrenkasten legen möge.

»Jede Spende ist willkommen«, sagte ich. »Sie hilft, damit ich mir einen Kaffee und ein Leckerchen für Bob leisten kann.«

Ich hätte genauso gut fragen können, ob ich ihre Halskette haben könnte. Ihre Gesichtszüge veränderten sich. Das Lächeln wich einem finsteren Blick.

»Unverschämtheit!«, sagte sie und marschierte einge-
schnappt davon.

Derartige Begegnungen waren nicht selten. Sie be-
stätigten lediglich etwas, was ich schon begriffen hatte,
bevor Bob und ich zusammengekommen waren. Eine
Wahrheit, die leider nicht nur auf den Straßen Londons
gilt, sondern überall.

Oftmals im Leben ist es besser, nichts zu erwarten,
weil man auf diese Weise nicht enttäuscht wird.

Steh deinen Mann

Die Straßen von London sind nicht mit Gold gepflastert. Ganz im Gegenteil, sie können bedrohlich und verstörend sein. Und Bob hatte eine Menge Schrecken erlebt.

Während unserer Tage als Straßenmusikanten und Zeitungsverkäufer achtete er stets ganz besonders auf Hunde. Nicht, weil er Angst vor ihnen hatte, sondern weil er wusste, dass er vorsichtig sein musste. Seine Instinkte waren so stark, dass er gleich sehen konnte, ob ein Hund nur leere Drohungen von sich gab. Ein Großmaul war, sozusagen. Nur Bellen und nicht beißen.

Es geschah selten, doch bei diesen Gelegenheiten stellte er sich seinem Gegner. Er fauchte, bleckte die Zähne und schlug sogar mit der Pfote nach ihm. Es funktionierte jedes Mal. Der Hund erstarrte entweder – oder gab Fersengeld. Ich habe mit eigenen Augen gesehen, wie Bob verschiedene, scheinbar angsteinflößende Hunde in zitternde Nervenbündel verwandelt hat.

Und wann immer er dies tat, fühlte ich mich daran erinnert, dass der beste Weg, mit einem Großmaul fertigzuwerden, darin besteht, seine Herausforderung anzunehmen.

Beurteile andere nach ihren Taten, nicht nach ihren Worten

E's heißt, die beste Methode, um den Charakter einer Person zu beurteilen, bestehe darin, ihre Taten zu betrachten, nicht ihren Worten zu lauschen.

Bei Katzen hat man natürlich keine Wahl. Man kann sie nur nach ihren Taten beurteilen.

Bob hat seine boshaften Momente, keine Frage. Und er kann manchmal schwierig sein. Aber seit mehr als einem Jahrzehnt zeigt er stets den gleichen Charakter. Er ist ein herzlicher, spaßiger, loyaler und liebevoller Begleiter, wie man ihn sich nur wünschen kann. Nichts und niemand könnte mich vom Gegenteil überzeugen.

Von allen Dingen, die Bob mich gelehrt hat, ist dies eine der wertvollsten Lektionen.

Ich beurteile andere stets nach den gleichen Maßstäben. Nach ihren Taten, nicht nach ihren Worten.

Lass kein Wasser in dein Boot

*B*obs Fähigkeit, den Rest der Welt völlig auszuschlie-ßen, erstaunt mich immer wieder aufs Neue. Er scheint die Fähigkeit zu besitzen, mit so gut wie jeder Situation fertigzuwerden.

Das vielleicht unglaublichste Beispiel dafür ereignete sich im November 2016, als wir beide bei der königlichen Premiere des Films *Bob der Streuner* zugegen waren.

Es war einer der unwirklichsten Abende meines Lebens, und ich kann bis heute irgendwie nicht glauben, was mir widerfahren ist. Bob und ich mussten über den roten Teppich laufen, Interviews geben und für die Fotografen posieren. Es waren Dutzende, vielleicht Hunderte von Leuten da, von Fans, die eigens angereist waren, um das Event zu verfolgen, bis hin zu Fernsehcrews und Scharen von Fotografen, die mit ihren Kameras ein Blitzlichtgewitter erzeugten.

Es war organisiertes Chaos. Zeitweise konnte ich über dem Lärm und den Rufen der Fans, Fotografen und Reporter kaum hören, wer mir als Nächstes eine Kamera und ein Mikrofon vor die Nase halten wollte. Und doch überstand Bob – sicher auf meiner Schulter sitzend – das Ganze vollkommen ungerührt.

Wir verbrachten sicher eine halbe Stunde auf dem roten Teppich, und während der gesamten Zeit war er ein Bild der Ruhe und Gelassenheit. Ehrlich gesagt, ich denke, er genoss die Situation sogar.

An jenem Abend stellten alle die gleiche Frage: Wie um alles auf der Welt macht er das?

Ich kann es nicht mit Bestimmtheit sagen, aber ich glaube, er schottet sich irgendwie von dem ab, was rings um ihn vorgeht. Ich denke, seine Sicht der Dinge ist: Wenn es mich nicht direkt betrifft, dann habe ich nichts zu befürchten.

Boote gehen nicht unter, weil Wasser ringsum ist. Boote gehen unter, wenn Wasser hineinkommt.

Bob scheint die Gabe zu besitzen, nicht hereinzulassen, was um ihn herum passiert. Und genau deshalb schwimmt sein Boot einfach immer weiter.

Fünfter Teil:
Bob, der Zen-Kater –
Wie man gut ist zu sich selbst

Katzen wissen instinktiv, wie sie auf sich zu achten haben. Sie müssen keine Diät machen oder einen Personal Trainer anheuern oder einen Masseur, um sich fit zu halten. Sie brauchen keinen Psychologen und keinen Coach, der ihnen sagt, wie man ein gutes Leben führt.

Sie wissen einfach, wie man es macht – und dabei trotzdem gelassen bleibt.

Das ist bei Bob ganz gewiss der Fall. Jemand hat einmal über ihn gesagt, dass er einen inneren Frieden hat, eine »Zen-artige Gelassenheit« bei allem, was er tut. Über die Jahre bin ich zu der Einsicht gelangt, dass wir alle ein wenig von seinen Methoden lernen können. Profitieren wir also ruhig von Bob, dem Zen-Kater.

Bobsamkeit

Bob kann eine Ewigkeit damit verbringen, in einen Baum voller Vögel zu starren. Er sitzt dann da, vollkommen reglos, der Körper gespannt, und nur seine Augen bewegen sich, zucken hierhin und dorthin, erfassen jede Bewegung, jedes Flattern eines Flügels. Ich frage mich häufig, was ihn so sehr fasziniert.

Ist es etwas in seiner DNS? Irgendein Jagdinstinkt? Will er den Baum hinauf und die Vögel angreifen? Ist er fasziniert von ihrem Gesang? Oder zählt er sie vielleicht?

Eines Tages saß ich vor dem Fernseher und sah eine Sendung über »Achtsamkeit« und wie sie dem Gehirn hilft, sich für einige Minuten ganz auf eine Sache zu konzentrieren. Über diese Sache nachzudenken, sie *en detail* zu betrachten. Sich ganz in dieser einen kleinen Sache zu verlieren, alles andere auszuschließen, das rings um einen herum vorgeht.

Das führte mich zu einem Gedanken. »Genau das ist es, was Bob macht, wenn er diese Vögel beobachtet«, sagte ich mir und musste lächeln.

Er praktiziert Bobsamkeit.

Reiche Katze, arme Katze

Bobs Zen-artige Gelassenheit spiegelt auf eine Weise sein einfaches Leben. Er muss keine Rechnungen bezahlen. Es gibt keine Hypotheken, die ihm Kopfzerbrechen bereiten. Keine Verantwortung.

Bob hat keinerlei Besitz. Vielleicht liegt darin sein Glück.

Manchmal denke ich, je mehr man hat, desto mehr Sorgen macht man sich, alles wieder zu verlieren.

Hör auf deinen Körper

*B*ob streckt sich regelmäßig und ausgiebig. Es ist, als würde er Yoga machen oder Pilates oder irgendeine andere Form von, nun, nennen wir es Gymnastik. Er scheint instinktiv zu wissen, welche Gliedmaßen und welche Muskeln er trainieren muss. Als würde sein Körper ihm sagen, was nötig ist.

Es beeindruckt mich jedes Mal aufs Neue. Und es bringt mich zu der Erkenntnis, dass unser Körper mit uns spricht. Die ganze Zeit. Unser Problem ist, dass wir meistens einfach nicht zuhören.

Mach ein Festmahl aus deinem Essen

*M*anchmal sehe ich Bob beim Fressen zu. Es ist faszinierend anzusehen. Manchmal fängt er gierig an und schlingt erst mal ein paar Bissen herunter. Zu anderen Zeiten inspiziert er sein Futter sorgfältig, schnüffelt und starrt es an, als wollte er die Qualität kontrollieren.

Und wenn er dann schließlich reinhaut, kaut er minutenlang darauf herum. Als würde in diesem speziellen Moment nichts anderes zählen. Als wäre es die wichtigste Sache auf der Welt. Es ist eine Lektion für uns.

Ärzte, Ernährungsspezialisten und Wellness-Berater sind zunehmend der Meinung, dass wir unser Essen mehr genießen sollten. Es hat offensichtlich massive Vorteile, langsamer zu essen und jeden Mundvoll Nahrung zu genießen, jeden Schluck eines Getränks. Ganz klar: Wir nehmen unser Leben bewusster wahr, wenn wir den Aromen, Gerüchen und Texturen dessen nachspüren, was wir uns in den Mund stecken, und wenn wir uns auf den Prozess des Kauens und Schluckens konzentrieren. Es beruhigt unseren Körper, und es dämpft Sorgen und Stress.

Vielleicht weiß Bob dies alles längst? Vielleicht ist dies der Grund, warum er dem Verspeisen seiner Nahrung so viel Bedeutung beimisst?

Immer schön L-A-N-G-S-A-M

*B*ob lebt sein Leben in seinem eigenen Tempo. Und dieses Tempo ist im Normalfall ziemlich gemäßigt. Natürlich kann er auch Gas geben. Doch im Allgemeinen macht er die Dinge L-A-N-G-S-A-M.

Wir Menschen reden uns ständig ein, dass wir zu viel zu tun und zu wenig Zeit haben. Wir gestatten uns nie eine ganze Stunde, um etwas zu erledigen, das wir auch in zehn oder zwanzig Minuten schaffen könnten. Irgendwie denken wir, das wäre Zeitverschwendung.

Doch in Wahrheit ist das genaue Gegenteil der Fall. Das Einzige, was wir verschwenden, ist die Erfahrung. Insbesondere, wenn wir davon profitieren würden, uns eine Stunde Zeit zu lassen. Wir bestrafen uns selbst.

Warum tun wir das? Warum erledigen wir die Dinge nicht ebenfalls L-A-N-G-S-A-M?

Kenne dich selbst

Die Art und Weise, wie Bob sich selbst managt, beeindruckt mich immer wieder aufs Neue. Er versteht sich und seinen Körper perfekt, wie es scheint.

Damit erinnert er mich an einen der klügsten Grundsätze der Zen-Philosophie: »Andere zu kennen ist Intelligenz – sich selbst zu kennen ist Weisheit.«

Verleih deinen Gefühlen Ausdruck

Bob verschwendet keine Zeit, bevor er mich wissen lässt, wenn er sich unwohl fühlt. Er hält damit nicht hinterm Berg. Er liegt auf meinem Bett und rührt sich nicht, weigert sich aufzustehen, gibt klagende Geräusche von sich. Alles, damit ich die Botschaft kapiere: »Es geht mir nicht gut.«

Wir Menschen neigen dazu, Schmerz zu verdrängen. Weiterzumachen. Zu verleugnen, dass es uns nicht gut geht oder dass wir uns verletzt haben. Wir machen bis zu dem Punkt weiter, wo es unerträglich wird.

Aber das ist ein Fehler. Ignoriere eine Krankheit, und es ist sehr wahrscheinlich, dass sie doppelt so schlimm wird. Je schneller wir handeln, desto größer die Chance einer raschen Genesung.

Sei in Einklang mit der Natur

Katzen sind auf eine Weise im Einklang mit der Natur, die wir bis heute vermutlich noch nicht ganz verstehen. Beispielsweise ändern sich ihre Schlaf- und Fressgewohnheiten im Verlauf der Jahreszeiten beträchtlich.

Im Winter beispielsweise schläft Bob endlos lang. Sobald es dunkel wird und die Nacht herannaht, rollt er sich zusammen und verschließt sich vor der Außenwelt. Er weiß, es ist die Jahreszeit für den Winterschlaf. Zeit, die Batterien für den Frühling aufzuladen.

Wenn der Frühling dann tatsächlich kommt, schläft er weniger und ist wieder aktiver. Selbst sein Körper passt sich an die Veränderungen an, er verliert die Haare und lässt ein neues Fell wachsen.

Wir alle könnten davon profitieren, würden wir ein wenig mehr auf den natürlichen Kreislauf der Dinge achten.

Sag, was du meinst, und meine, was du sagst

*B*ob kommuniziert mit einer Mischung von unterschiedlichen Lauten – von sanftem Schnurren und Grollen über Zischen und Fauchen bis hin zu Schreien, die einem das Blut in den Adern gefrieren lassen. Doch er kann seine Botschaft auch durch Körpersprache vermitteln, indem er mit dem Schwanz zuckt und wackelt oder seinen Leib krümmt, um einen bestimmten Punkt zu verdeutlichen. Am beeindruckendsten finde ich die Einfachheit, mit der er dies tut. Wenn Bob etwas zu sagen hat, dann tut er dies direkt und unverblümt. Er lässt niemals Raum für Zweifel.

Morgens beispielsweise, da schlüpft er als Allererstes zu mir ins Bett und macht mich darauf aufmerksam, dass es Zeit ist für sein Frühstück. Dazu setzt er verschiedene Methoden ein: von leisem Schnurren über einen kräftigen Sprung mit allen vieren auf meine Brust. Manchmal bringt er sein Gesicht nur Zentimeter vor meines, oder er stößt ein ohrenbetäubendes Miauen aus.

Gleichgültig, welche Methode er benutzt, die Botschaft ist unmissverständlich. Ich öffne die Augen, und da ist er, mit einem Ausdruck im Gesicht, der besagt: »Los, steh endlich auf, ich hab Hunger!«

Ich nehme es nicht immer gut gelaunt auf, insbesondere dann nicht, wenn er mich an einem kalten grauen Wintertag schon bei Einbruch der Morgendämmerung weckt. Doch in einer Welt, in der die meisten hundert Worte machen, wo ein einziges genügen würde, muss ich seine Direktheit bewundern.

Bob macht keinen Smalltalk. Bei ihm ist alles Big Talk. Er sagt, was er meint – und er meint, was er sagt.

Nein heißt nein

*B*ei Bob heißt nein ganz genau das. Nein. Wenn er etwas nicht will, dann will er es nicht. Er tut es nicht. Keine Drohung, keine guten Worte, kein Streicheln über den Kopf und kein Kraulen können seine Meinung ändern. Er hat seine Entscheidung getroffen, und er bleibt dabei. Ende Gelände. Ich kann genauso gut gleich aufgeben.

Tatsächlich macht dieses Verhalten das Leben leichter. Es sorgt dafür, dass die Dinge schwarz und weiß bleiben. Keine Graustufen. Man akzeptiert seine Entscheidung und macht weiter. Man findet einen anderen Weg, um die Dinge zu erledigen. Ganz egal, wie unbequem oder ärgerlich das sein mag.

Als Erwachsene müssen wir alle noch mal lernen, Nein zu sagen. Es ist unser Recht, dies zu tun. Klar und deutlich und unmissverständlich. Es mag vielleicht nicht jeden glücklich machen, nicht immer – doch wenigstens wissen die anderen, wo man steht und woran sie sind.

Ein einfaches Dankeschön

Bobs Schwanz ist ein ganz eigenes Signalsystem. Wenn er scharf damit von einer Seite zur anderen schlägt, ist er entweder aufgeregt oder verärgert. Wenn er ihn langsamer und rhythmischer bewegt, mehr wie einen Scheibenwischer, dann ist es ein Zeichen von Zufriedenheit. Dann ist alles gut in seiner Welt.

Ich habe mich oft gefragt, warum er meint, das auf diese Weise signalisieren zu müssen. Ich bin sicher, es hat nichts mit mir zu tun. Trotzdem schätze ich dieses vielsagende, langsame Schwanzwedeln sehr. Für mich ist es genauso gut, als würde er mir einen Dankesbrief schreiben oder Blumen oder eine Schachtel Pralinen schenken.

Wenn andere doch nur das Gleiche täten, und sei es unbewusst.

Schweigen ist Gold

*B*ob hat – wie alle Katzen – eine ganz eigene Sprache, ein hocheffizientes System, um ganz genau mitzuteilen, was er sagen will. Ich fand es von Anfang an faszinierend. Tatsächlich hat er mich eine Menge nützlicher Dinge über die Kunst der Kommunikation gelehrt.

Es gibt beispielsweise Tage, an denen sitzt Bob neben mir und gibt vom Morgengrauen bis zur Abenddämmerung kaum einen Laut von sich. Ich zerbreche mir darüber nicht den Kopf – es scheint zu bedeuten, dass er zufrieden ist. Wäre er es nicht, würde er es mich ziemlich schnell wissen lassen.

Ich nicke oft und lächle melancholisch in seine Richtung. Wenn das doch nur in der Welt der Menschen auch so wäre, denke ich bei mir. Viele Leute reden ununterbrochen, obwohl sie eigentlich gar nichts zu sagen haben. Es täte ihnen vermutlich gut, anzuerkennen, dass Schweigen manchmal wirklich Gold ist.

Dass man umso mehr hört, je mehr man schweigt.

Ein Netz aus Freunden

Als Bob und ich anfingen, Bücher zu signieren, erlebte ich eine Reihe von Überraschungen. Zum einen war ich erstaunt – und ehrlich bewegt – wegen der großen Zahl von Menschen, die zu unseren Signierstunden erschienen. Ich hätte es nicht für möglich gehalten, dass sich irgendjemand für unsere Geschichte interessiert.

Die andere, wirklich überraschende Sache war, wie Bob auf all diese Aufmerksamkeit reagierte. Er schien sie aufrichtig zu genießen. Er hatte überhaupt nichts dagegen, sich von wildfremden Menschen kraulen zu lassen – in einem gewissen Rahmen natürlich. Dabei blieb er vollkommen gelassen. Wenn ihm danach war, ein Nickerchen zu machen, dann tat er das. Und wenn es Zeit war, nach Hause zu gehen, dann ließ er mich das ganz deutlich wissen. Doch die meiste Zeit über war er zufrieden, mit Leuten umzugehen, insbesondere natürlich mit denen, die Leckerchen für ihn hatten.

Das brachte mich zum Nachdenken. Es gibt jede Menge wissenschaftlicher Studien, die belegen, dass das Wohlergehen und die Gesundheit von Menschen durch regelmäßige soziale Kontakte verbessert werden. Kurz gesagt, Isolation ist nicht gesund, und die Begegnung mit anderen Menschen – und sei es nur auf eine kurze Unterhaltung in einem Laden oder im Park – ist gesund.

Ich schätze, auch das wissen Katzen. Es ist einer der Gründe, warum sie sich zu uns Menschen hingezogen fühlen.

Nimm die Liebe an

*I*ch bin sicher, jeder, der schon mal eine Katze hatte oder gekannt hat, pflichtet mir bei dieser universalen Wahrheit bei: Nie, niemals verweigern sie sich der Zuneigung. Bob ganz bestimmt nicht. Wenn man anfängt, ihn unter dem Kinn oder am Hals zu kraulen, dann drückt er seinen Kopf gegen die Hand und hält vollkommen still. Es ist, als wollte er sagen: »Ja, ich verdiene diese Aufmerksamkeit, bitte mach weiter.«

Manchmal, wenn er das Bedürfnis verspürt, dreht er sich auf den Rücken und macht sich lang, eine Einladung, seinen Bauch zu kraulen. Er liebt das total und kann gar nicht genug davon kriegen. Ich habe ihn nie mehr als ein paar Minuten gestreichelt, doch ich glaube, wenn ich eine Stunde lang weitermachen würde, wäre er auch damit vollkommen glücklich.

Irgendwann wurde mir klar, dass wir alle daraus lernen können. Zu viele von uns verweigern sich aufrichtiger, ernst gemeinter Zuneigung, ob sie nun von einem Freund oder einem Angehörigen kommt oder von jemandem, den wir lieben. Ich weiß, dass ich selbst so reagiert habe. Wir tun dies aus mancherlei Gründen: Angst, Verlegenheit, Selbstzweifel.

Doch wenn man darüber nachdenkt, ergibt es keinen Sinn. Liebe ist ein knappes Gut in dieser Welt, und wenn man sie uns anbietet, sollten wir uns nicht verschließen. Wir sollten Bobs Beispiel folgen. Wir sollten die Liebe annehmen.

Amüsiere dich – und das häufig

*B*ob ist nicht anders als andere Katzen, wenn es ums Spielen geht. Er liebt nichts mehr, als ein Lieblingsspielzeug durch den Raum zu werfen oder wie verrückt auf und ab zu springen in dem Versuch, die Sonnenstrahlen einzufangen, die über die Wand tanzen. Zu Weihnachten kann er sich eine Ewigkeit mit einem Stück Geschenkpapier vergnügen.

Es ist, als hätte er sich in seiner eigenen Welt verloren, getrieben von wer weiß was. Versucht er eine Maus zu fangen, oder ist er einfach ausgelassen von dem Spaß, den es ihm bereitet, etwas herumzuwerfen? Will er das Weihnachtspapier in Stücke fetzen, oder liebt er das Geräusch und die Art, wie sich das zerknüllte Papier anfühlt? Wer weiß? Und wichtiger noch: Wen interessiert es?

Klar ist jedoch, es bereitet ihm Vergnügen, ist eine Abwechslung von seiner üblichen Routine. Und wenn er sich vergnügt, dann ist der Rest der Welt vollkommen außen vor. Wir alle sollten das hin und wieder tun, oder nicht?

Sei kein Sklave der Uhr

*B*ob hört wie alle Katzen auf seine innere Uhr. Er weiß, wann der Tag beginnt und wann er endet. Wann es Zeit ist zum Schlafen und zum Fressen. *Ganz besonders*, wann es Zeit ist zum Fressen. Doch darüber hinaus spielt die Zeit, wie wir sie kennen, für ihn keine große Rolle. Es gibt keine Uhr, die ihm vorschreibt, wie er die Stunden eines jeden Tages zu verbringen hat.

Wir Menschen sind natürlich ganz anders. Wir sind Sklaven der Uhr. Wir sinnieren über das Verstreichen der Zeit, trauern über die Art und Weise, wie die Momente an uns vorbeihuschen. Wir zählen ununterbrochen die Stunden, Tage, Monate und Jahre.

Wir könnten in dieser Hinsicht eine Menge von Bob lernen. Unser Leben könnte fröhlicher sein, erfüllter. Vielleicht sogar länger?

Es ist egal, was andere von dir denken

Katzen zerbrechen sich nicht den Kopf darüber, was andere Katzen von ihnen halten. Zumindest soweit wir wissen.

Ich bin ziemlich überzeugt, dass Bob sich nicht um seinen Ruf schert. Er macht sich keine Gedanken darüber, wie viele Menschen ihm in den sozialen Medien ein »Like« schenken (auch wenn es viele Tausende sind). Es schert ihn keinen Deut, was Leute öffentlich über ihn sagen. Er nimmt es gar nicht wahr. Bob ist einfach nur er selbst. Er lebt sein Leben, und indem er dies tut, zeigt er seinen wahren Charakter. Wenn das anderen gefällt – großartig. Wenn nicht, egal. Er ist, wer er ist – so ist das eben.

Wenn wir nur alle diese Haltung übernehmen könnten!

Zu viele von uns sind zerfressen von der Sorge, was andere von ihnen denken und über sie sagen. Wir wären besser dran, wenn wir uns auf unseren wahren Charakter fokussieren würden anstatt auf unseren »Ruf«, der aus unerfindlichen Gründen besser oder schlechter werden kann. Es würde uns viel besser gehen, wenn wir wir selbst sein könnten und sagen würden, was wir wirklich empfinden.

Denn das ist schließlich die Wahrheit. Und am Ende ist die Wahrheit doch das, was zählt.

Lebe die Jahre, anstatt sie zu zählen

Bob ist inzwischen ungefähr elf Jahre alt. Vielleicht auch älter. Weil er im Haus lebt, ist es durchaus möglich, dass er noch ein ganzes Stück älter wird, zwanzig Jahre oder mehr. Doch das ist ihm nicht bewusst. Er mag vielleicht in den mittleren Jahren sein, doch er wird keine Midlife-Crisis erleiden.

Er wird nicht ganz plötzlich irgendwas Dramatisches tun, sich in ein buddhistisches Kloster in Nepal zurückziehen oder einen Sportwagen kaufen. Er wird sich nicht neu erfinden, nur weil er sich plötzlich seiner Sterblichkeit bewusst wird.

Wir werden es niemals mit Bestimmtheit wissen, doch ich vermute, dass Altern einfach etwas ist, das er fühlt. Er zählt die Jahre nicht. Er lebt sie, weiter nichts. Würden wir nicht alle davon profitieren, wenn wir manchmal so denken würden? Keiner von uns muss sich an seinem Alter festmachen lassen.

Alter ist nur eine Zahl.

Werde nicht erwachsen

*B*ob mag älter geworden sein, doch er spürt definitiv noch das kleine Kätzchen in sich. Der jüngere, verspieltere Teil von ihm ist immer da.

Auch heute noch jagt er Spiegelungen an der Wand hinterher oder beschäftigt sich ausgelassen mit einem Spielzeug. Zu anderen Zeiten findet er einen Karton oder ein Stück Papier, das sein Interesse weckt.

Damit beweist er etwas, was ich einmal gehört habe: Es ist leichter, alt zu werden, wenn man nicht ganz erwachsen geworden ist. Vielleicht sollten wir alle die Welt auf diese Weise betrachten?

Es ist das Leben in deinen Jahren

*A*uch wenn er älter wird, kostet Bob sein Leben völlig aus. Er tut genau das, was er will und wann er will.

Wenn er seinen Tag damit verbringen will, zusammengerollt dazuliegen und die vorbeiziehende Welt zu beobachten, dann macht er das. Und wenn er ihn mit Spielen verbringen will oder damit, Dinge durch das Haus zu jagen, dann tut er genau das. Er lebt nach seinen eigenen Bedingungen, unabhängig von der verstreichenden Zeit.

Manchmal sehe ich ihn an und denke, er ist die Verkörperung des alten Sprichwortes, in dem es heißt, es sind nicht die Jahre in deinem Leben, die zählen, sondern das Leben in deinen Jahren.

Bleib offen für Veränderungen

Während Bob älter geworden ist, hat er sich auf fast unmerkliche Weise verändert.

Bob nimmt sich inzwischen etwas mehr Zeit, um sich zu erholen. Wenn er einen ereignisreichen Tag hatte, dann geht er eine Stunde früher schlafen. Und am nächsten Tag steht er vielleicht auch ein bisschen später auf. Und er lässt sich nicht drängen. Auch seine Fressgewohnheiten sind anders geworden. Er zieht es heute vor, abends weiches Futter zu fressen – und zwar um halb acht. Pünktlich.

All das ist nach und nach gekommen, ganz natürlich. Es ist, als würde sein Körper ihm sagen, was er braucht, während er sich verändert. Wir alle können daraus lernen. Wir müssen offen sein für die Veränderungen.

Sechster Teil:
Professor Bob –
Lektionen für den Alltag

Mein gemeinsames Leben mit Bob ist eine endlose Lehr-
stunde. Jeden Tag gibt es etwas Neues zu lernen. Manch-
mal einfach dadurch, dass ich ihm beim Interagieren mit
der Welt ringsum zuschaue. Zu anderen Zeiten sind es
die Situationen, in die wir geraten – sowohl zu Hause als
auch auf unseren gemeinsamen Reisen.

Es ist, als wäre ich lebenslang als Student eingeschrie-
ben – an der Universität von Professor Bob.

Fall siebenmal hin, steh achtmal auf

*E*ines Abends im Sommer war ich zu einem Treffen mit einem alten Freund verabredet.

Es war mitten in einer Hitzewelle, also saßen wir in einer Gartenwirtschaft. Ich hängte meinen Rucksack an einen Haken an der Wand, vielleicht anderthalb Meter über dem Boden. Bob saß neben mir auf der Bank und saugte die letzten Sonnenstrahlen in sich auf.

Ich ließ ihn bei Steve zurück, um kurz nach drinnen zu gehen. Als ich zurückkam, grinste er breit.

»Was ist so lustig?«, wollte ich von ihm wissen.

»Bob hat mich unterhalten«, sagte er.

»Was hat er gemacht?«

»Er hat versucht, irgendwas aus deinem Rucksack zu holen. Ich war nicht sicher, ob ich ihn lassen soll oder nicht«, berichtete Steve und zeigte auf den Rucksack und die leuchtende Packung Snacks, die aus einer der Taschen lugte.

»Ah, das sind seine Lieblings-Leckerchen. Und was hat er gemacht?«

»Es war zum Totlachen. Zuerst ist er senkrecht in die Luft gesprungen, um sie zu schnappen. Aber das hat nicht funktioniert. Dann hat er versucht, auf dem Stuhl dort zu balancieren, aber der hat sein Gewicht nicht gehalten.«

Jetzt lachte ich selbst.

»Einmal war er ganz dicht dran«, fuhr Steve fort. »Er sprang vom Tisch ab und landete an der Seite des Rucksacks. Da hing er dann, aber er konnte nichts machen und ist nach unten gerutscht wie in einem Zeichentrickfilm.«

Ich wuschelte Bob über den Hinterkopf.

»Du gibst nie auf, wie?«

Ich griff nach den Snacks im Rucksack und gab ihm zwei davon.

Steve musste grinsen. Er war ein Philosoph, oder zumindest hielt er sich dafür.

»Es heißt, das ist das Geheimnis des Lebens«, sagte er. »Was?«

»Fall siebenmal hin, steh achtmal auf.«

Ich lächelte. Er hatte recht. Niemals aufgeben. Beharrlichkeit zahlt sich aus. Immer.

Vertrau deinen Instinkten

Bob und waren auf dem Heimweg durch das West End nach einem Treffen. Ich hatte beschlossen, unseren alten »Flecken« auf der Neal Street aufzusuchen, wo meine Freundin Sam die Scharen von Verkäufern des *Big Issue Magazine* für die Gegend koordinierte. Ich hatte sie eine Weile nicht gesehen und wollte Hallo sagen.

Wir waren noch nicht lange unterwegs, als Bob plötzlich unruhig wurde, sich auf meiner Schulter in Kreisen drehte und laute miauende Geräusche ausstieß.

Ich setzte ihn auf dem Bürgersteig ab, gab ihm etwas zu fressen und drängte weiter. Doch er war immer noch unzufrieden.

Wir waren vielleicht zweihundert Meter weit gekommen, als ich an der Straßenecke voraus einen Aufruhr bemerkte. Schwarzer Rauch quoll in die Luft, und ich konnte die Sirenen von Einsatzfahrzeugen hören, die sich schnell näherten. Männer in Feuerwehrmonturen waren damit beschäftigt, den Bereich abzusperren, und Touristen wie Einheimische wurden vom Schauplatz weggeführt.

Es war unübersehbar, dass es einen Zwischenfall gegeben hatte. Ein Feuer vielleicht oder noch schlimmer, ein terroristischer Anschlag? Also setzte ich mir Bob auf die Schulter und schlug den Rückweg zur U-Bahn-Station ein, von wo aus wir direkt nach Surrey fahren würden.

Später erfuhr ich von Sam, dass es nur ein kleinerer Wohnungsbrand gewesen war. Irgendjemand hatte vergessen, den Küchenherd auszuschalten. Niemand war verletzt worden. Doch es hätte leicht etwas sehr viel Schlimmeres sein können. Der Zwischenfall blieb mir im Kopf wegen der Art und Weise, wie Bob reagiert hatte.

Katzen besitzen hochentwickelte Sinne, die ihnen ermöglichen, Dinge zu entdecken, die wir Menschen übersehen, seien es Erdbeben oder schwere Stürme. Sie können auch Krankheiten bei Menschen wahrnehmen, insbesondere Epilepsie. Bob hatte intuitiv erfasst, dass im West End etwas passiert war. Glücklicherweise hatte mein Instinkt mir gesagt, auf ihn zu hören.

Dieser Vorfall verstärkte etwas, voran ich schon lange geglaubt hatte. Dass wir alle auf unsere Instinkte hören sollten, auf unser Bauchgefühl. Dass sie uns so gut wie niemals trügen.

Die Welt eines Menschen verändern

*B*ob und ich saßen in einem Eingang, wo wir Zuflucht vor dem schlechten Wetter gesucht hatten. Es regnete Bindfäden, und wir hatten nur wenig Aussicht, ein paar Zeitschriften zu verkaufen.

Doch da tauchte aus dem Nichts heraus eine junge Frau auf. Sie war sehr attraktiv, mit langen dunklen Haaren, und sie trug einen gelben Regenmantel.

Nach ihrem Akzent zu urteilen war sie Russin oder irgendwas in der Art. Sie beugte sich herunter und kraulte Bob behutsam den Rücken. Dabei fiel mir auf, dass sie ein Armband trug mit einer Inschrift in einer fremden Sprache. Ich fragte sie, was es bedeutete.

Sie lächelte. »Es ist ein Sprichwort aus Estland. Dort komme ich her. Es heißt: ›Wer nicht für wenig Danke sagt, dankt auch nicht für viel.‹«

»Wie wahr das ist«, sagte ich und lächelte zurück.

Sie blieb einige Minuten bei uns, und wir unterhielten uns ein wenig. Dann gab sie mir zwei Pfund für eine Zeitschrift, bevor sie Bob ein letztes Mal streichelte und weiterging.

»Danke sehr«, sagte sie.

Ich umarmte sie leicht. »Nein, ich danke Ihnen.«

Der größte Eindruck kann manchmal von den kleinsten Dingen herrühren. Was die junge Frau an jenem Abend getan hatte, war nur eine Kleinigkeit. Es hatte sie nur ein paar Augenblicke gekostet, doch mir hatte es eine ganze Menge bedeutet. Man muss nicht die ganze Welt verändern, um jemandem zu helfen. Manchmal reicht es, die Welt dieser einen Person für einen kurzen Moment zu verändern.

Finde deine Glückseligkeit

Als Bob anfing, mich zu begleiten, wenn ich Straßenmusik machte, war ich stets überrascht, wie entspannt er war, mitten in der Menschenmenge in Covent Garden und um Piccadilly. Wenn er doch einmal nervös wurde, gab es etwas, was ihn so gut wie jedes Mal wieder beruhigen konnte: Musik. Sobald ich anfing, auf meiner Gitarre zu klimpern, änderte sich seine Körpersprache. Er schien weicher zu werden. Sein Schwanzzucken wurde zu dem charakteristischen scheibenwischerartigen Hin und Her, mit dem er zeigte, dass er sich wohlfühlte. Dass er seine Form von Glückseligkeit gefunden hatte.

In jüngerer Zeit, wenn ich anfange, in meinem eigenen kleinen Studio zu Hause Musik aufzunehmen, muss er genau hinter mir sitzen, wenn der Sound dröhnt. Ganz egal, wie laut es wird – und es kann sehr laut werden –, er will einfach bei mir sein.

Musik war zu verschiedenen Zeiten auch meine Rettung. Wenn ich ihren Einfluss auf Bob sehe, unterstützt mich das in meiner felsenfesten Ansicht: Für uns alle gibt es etwas, was die Macht hat, uns zu trösten, zu beruhigen, wieder aufzurichten und zu inspirieren. Wir alle müssen hin und wieder unsere eigene Glückseligkeit finden.

Der Mut zu bitten

*I*ch saß zusammen mit Bob draußen vor einem Coffee-Shop in Islington. Es war ein ziemlich hippiemäßiger Laden, die Wände vollgekritzelt mit philosophischen Zitaten, Sprüchen, Mantras. Kleinen Scheibchen Weisheit.

Eines davon sprang mir entgegen, als ich meinen Kaffee bestellte.

»Sei stark genug, um allein zu bestehen, klug genug, um zu wissen, wann du Hilfe brauchst, und mutig genug, darum zu bitten.«

Ich musste sofort an Bob denken.

Nachdem er verletzt worden war, hatte er es irgendwie geschafft, sich aus der Gefahr zu retten und in den Block zurückzuziehen, in dem ich wohnte. Vermutlich dachte er sich, dass dort die Chance am größten war, Hilfe zu bekommen. Und wie sich herausstellte, führte ihn sein Instinkt direkt zu mir.

Seine Erfahrung schien meine eigene zu spiegeln. Als ich obdachlos gewesen war, hatte ich in großer Gefahr geschwebt. Und irgendwie hatte ich die Kraft gefunden, mich daraus zu retten. Ich hatte erkannt, dass ich Hilfe brauchte, um meine Drogensucht zu besiegen, und mir die Behandlung gesucht, die ich brauchte.

Dieser Tage, wenn ich gemeinnützig arbeite, werde ich häufig von Süchtigen oder Obdachlosen um Rat gefragt, die sich verloren und außerstande fühlen, ihrem Schicksal aus eigener Kraft zu entrinnen. Dann verweise ich häufig auf das Zitat von damals.

Wenn wir ganz tief unten sind, müssen wir die Kraft finden, allein zu sein, die Einsicht, dass wir Hilfe brauchen – und am meisten von allem den Mut, um diese Hilfe zu bitten.

Neu ist nicht immer besser

Viele Jahre lang war eine zerrissene Maus Bobs Lieblingsspielzeug. Es war ein ramponiertes altes Fabrikstofftier mit Knöpfen anstelle von Augen und einem Schwanz aus einer Kordel. Er liebte es, daran zu zerren und zu zupfen und es mit der Pfote durch den Raum zu schleudern, um anschließend danach zu jagen. Kein Wunder, dass diese Maus über die Jahre kaum noch mehr als ein Lumpenfetzen war, ein unförmiger Schatten seines einstigen Selbst. Doch das kümmerte Bob nicht. Er liebte dieses Ding. Stundenlang konnte er sich damit beschäftigen.

Ich hatte ein paar Mal versucht, es zu ersetzen, gegen neuere Spielsachen auszutauschen, doch er zeigte keinerlei Interesse an ihnen. Stattdessen klapperte er die ganze Wohnung ab auf der Suche nach seiner alten Maus. Einmal hatte ich sie in den Mülleimer geworfen, doch selbst dort erschnüffelte er sie.

Ich machte mir aufrichtig Sorgen, dass er durch dieses Ding krank werden könnte, dass der alte Stoff voll war mit Bakterien und er sich irgendwas davon holen könnte. Ich war überzeugt, dass es besser war, wenn er mit etwas Neuerem spielte, etwas Aufregenderem. Aber ich übersah natürlich komplett den entscheidenden Punkt.

Ich sah die Dinge aus meiner Perspektive. Für mich war die zerlumpte Maus ein trauriges, kaputtes Ding, das nur noch in den Müll gehörte. Doch Bob sah das völlig anders. Es war sein liebstes Spielzeug. Es machte ihn glücklich. Es stimulierte ihn, bot ihm Unterhaltung und Ablenkung. Er hatte einfach Spaß damit. Er brauchte nichts anderes.

Jedermann ist heutzutage besessen davon, immer die neueste Version von allem zu besitzen. Das neueste Telefon, der neueste Laptop, das neueste Videospiel, das neueste Modeding. Aber warum? Wenn die Dinge ihre Funktion erfüllen, brauchen wir wirklich neue? Ist neu notwendigerweise besser? Wenn wir für einen Moment innehalten und darüber nachdenken würden, wären wir vermutlich genauso glücklich mit dem, was wir bereits haben.

Silberstreif

*M*it Bob auf dem Set für den Film zu arbeiten war eine herausfordernde Angelegenheit – und das nicht nur, weil wir häufig um fünf Uhr morgens aufstehen mussten, um pünktlich zu den Dreharbeiten zu kommen.

Anders als die »professionellen« Katzen am Set war Bob nicht ausgebildet, um vor der Kamera zu spielen, und oft machte er unvorhersehbare Dinge. So senkte er beispielsweise den Kopf oder drehte sich um, wenn der Kameramann wollte, dass er direkt in die Linse sah.

Ich musste mir alle möglichen Tricks ausdenken, um sein Interesse wach zu halten und seinen Blick dorthin zu lenken, wo der Kameramann ihn haben wollte. Das hieß, ich stellte mich beispielsweise hinter die Kamera und schnippte mit den Fingern, oder ich fuhr mit einem Laserpointer über die Wand, sodass er dem Lichtpunkt mit seinem Blick folgte.

Natürlich hielt er sich trotzdem nicht immer an das Drehbuch, doch der Regisseur Roger Spottiswoode setzte Bobs unvorhergesehene Reaktionen und Improvisationen sehr geschickt ein.

Eines Tages beispielsweise jagte mein Kater dem Laserpointer hinterher, statt wie gewünscht still vor der Kamera zu sitzen. Roger ließ die Kameras laufen und benutzte das Material in einer anderen Szene, in der man sieht, wie Bob eine Maus durch meine Wohnung hetzt.

All das war für mich ein Fingerzeig: Das Leben läuft nur selten nach Plan, doch wir können immer versuchen, Schwierigkeiten zu unserem Vorteil zu nutzen. Jede Wolke hat einen Silberstreif, in allem Schlechten liegt auch etwas Gutes, sagt das Sprichwort.

Wir sollten stets danach suchen.

Wir alle haben etwas zu geben

Es war eine Woche vor Weihnachten und ungewöhnlich kalt. Bob und ich hatten alle Mühe, über die Runden zu kommen. Eines Abends machten wir in der Nähe der Shaftesbury Avenue Straßenmusik, als sich wenige Meter von uns entfernt eine Kapelle von der Heilsarmee mitsamt Chor aufbaute und anfing, ein Weihnachtslied zu spielen: *In The Bleak Midwinter*. Ich lauschte unwillkürlich, insbesondere der letzten Strophe:

Was kann ich ihm geben, arm wie ich bin?
Wär ich ein Schäfer, ich brächt ihm ein Lamm.
Wär ich ein Weiser, ich trüg meinen Teil.
Doch eins kann ich ihm geben – ich geb ihm mein
Herz.

Es ging mir schlecht, und jetzt kam auch noch Selbstmitleid dazu. *Ach*, dachte ich bei mir. *Was hab ich zu geben? Nichts.*

Es dauerte nicht lange, bis ich vom Gegenteil überzeugt wurde. Eine Frau kam vorbei. Sie war in den Fünfzigern, schick gekleidet, doch wie es schien ein wenig melancholisch. Als sie Bob entdeckte, blieb sie stehen.

»Hätten Sie etwas dagegen, wenn ich ihn streichle?«, fragte sie.

»Selbstverständlich nicht«, erwiderte ich.

Sie hockte sich auf das Pflaster, und während sie Bob streichelte, unterhielten wir uns. Wie sich herausstellte, war es der Jahrestag des Todes ihres Sohnes. Sie war nicht mehr mit dem Vater des Jungen verheiratet und auf dem Weg zurück in ein leeres Haus. Und sie hatte selbst eine Katze gehabt, aber die war vor einem halben Jahr ebenfalls gestorben.

»Ich habe richtig Angst vor heute Nacht«, sagte sie und tupfte eine Träne weg. »Ganz allein mit meinen Erinnerungen. Sie haben sehr viel Glück, dass Sie Bob bei sich haben.«

Heftig! Was war ich doch für ein Narr!

Wir alle haben etwas zu geben. Ganz gleich, wie klein oder trivial es für uns sein mag, es könnte für jemand anderen die ganze Welt bedeuten. Ganz egal, wie sehr wir uns selbst bemitleiden, wir sollten dies nie vergessen.

Die Kraft der Hoffnung

*B*ob scheint imstande, Menschen aufzumuntern und zu inspirieren, wohin auch immer wir kommen. Er hat ein Lächeln auf zahllose Gesichter gezaubert, alte und junge. Und er hat viele Menschen zu Tränen gerührt. Um ehrlich zu sein, anfangs fiel es mir schwer, das zu verstehen. Wie konnte die Geschichte von einer Katze, die das Leben eines drogensüchtigen jungen Mannes zum Besseren gewandelt hatte, so viele Menschen berühren? Über alle Kulturen hinweg?

Eine Begegnung in Norwegen half mir, den Grund dafür zu begreifen. Unsere Verleger in Oslo hatten ein Treffen von Bob mit einer Dame namens Anne arrangiert. Sie war blind, doch sie hatte unsere Bücher in Blindenschrift gelesen und war einer unserer größten Fans in Norwegen. Und jetzt war sie ganz aus dem Häuschen vor Freude, Bob endlich kennenzulernen, obwohl sie ihn natürlich nicht sehen konnte.

Er reagiert nicht immer, wenn er gestreichelt wird, insbesondere in hektischen Situationen, doch als sie damit anfing, gab er ihre Zuneigung zurück, indem er seinen Kopf an ihr rieb. Als wüsste er, wie wichtig dieser Moment für sie war.

Durch einen Dolmetscher wurde sie gefragt, was diese Saite in ihr zum Schwingen gebracht hatte. Ihre Antwort ließ sich in einem einzigen Wort zusammenfassen: »Hoffnung.«

Die Hoffnung, die sie in der Geschichte von Bob und mir gespürt hatte, hätte Licht in ihre Dunkelheit gebracht, sagte sie. Es war eine einfache Antwort, doch eine tiefgründige zugleich. Ich begriff durch sie, dass wir alle Hoffnung brauchen. Und es spielt überhaupt keine Rolle, wo wir sie finden.

Wir sind nicht allein

2017 hatten Bob und ich das Glück, anlässlich der Filmpremiere von *Bob der Streuner* Tokio zu besuchen.

Abseits des ganzen Glamours war der rührendste Moment, als man uns zwei Obdachlosen vorstellte, die die japanische Ausgabe von *The Big Issue* verkauften: Akira und Shinzo. Shinzo hatte auch eine Katze, einen Streuner wie Bob, den er auf den Namen Mi getauft hatte. Er hatte ein sehr einfaches Leben geführt, im Freien übernachtet und von dem gelebt, was er gefunden hatte. Er hatte versucht, *The Big Issue* zu verkaufen, doch es war sehr schwer gewesen. Er hatte es nicht geschafft, die Aufmerksamkeit der Menschen zu wecken. Mi hatte das grundlegend geändert.

»Die Menschen waren plötzlich offener mir gegenüber«, berichtete er. »Sie blieben stehen und redeten mit mir.«

Der andere Verkäufer, Akira, hatte eine ähnliche Geschichte. In einem Park hatte er eine scheinbar heimatlose Katze gefunden. Zwei Wochen lang hatte er sie betreut, bis ihr Besitzer sich gemeldet hatte. In diesen vierzehn Tagen hatte er angefangen, die Katze mitzunehmen zu seinem Platz vor dem Hauptbahnhof, wo er *The Big Issue* verkaufte.

»Und auf einmal war ich nicht mehr unsichtbar«, sagte er zu mir. »Du weißt sicher, wie sich das anfühlt.«

»Kann man wohl sagen«, nickte ich und erzählte ihm, dass auch ich erst sichtbar geworden war, als Bob in mein Leben getreten war.

Es war, als würde ich in einen Spiegel sehen. Wir alle denken, wir wären einzigartig und dass es niemandem so schlimm ergehen kann wie uns, doch das ist ein Irrtum.

Ganz egal, wie verzweifelt deine Situation ist, wie isoliert und allein du dich fühlst, die Wahrheit ist: Du bist nicht allein. Irgendwo da draußen gibt es jemanden, der so ist wie du. Jemanden, der die gleichen Dinge durchmacht. Es brauchte Bob, um mich auf die andere Seite der Welt zu bringen und mir dies zu zeigen.

Verschwende niemals eine zweite Chance

*B*ob und ich waren weit weg von zu Hause, bei einer Signierstunde in Berlin.

Wir hatten seit einer Stunde Autogramme gegeben, als ich den Blick hob und von einem Gesicht in der langen Schlange der Wartenden angezogen wurde. Im ersten Moment konnte ich es nicht wirklich glauben. Was machte diese Frau in Deutschland? Das letzte Mal, als ich sie gesehen hatte, war das in London gewesen. Doch als sie näher und näher kam, wurde mir bewusst, dass sie es tatsächlich war. Ich will ihren Namen nicht verraten, deshalb nenne ich sie hier Hannah.

Vor etwa acht oder neun Jahren war Hannahs Leben genau so ein Chaos wie mein eigenes. Sie war ebenfalls obdachlos und heroinsüchtig gewesen. Wir hatten oft an den gleichen Plätzen in London im Freien übernachtet. Aber seitdem hatte ich sie nicht mehr gesehen.

Und jetzt stand sie hier, zu meinem ungläubigen Erstaunen, in einer Buchhandlung in Berlin, und wartete geduldig darauf, dass ich mein Buch signierte. Hinterher trafen wir uns und unterhielten uns lange. Sie erzählte, dass sie London und ihrer Vergangenheit den Rücken zugewandt und ein neues Leben angefangen hatte. Dass sie clean war und in einer Beziehung lebte. Ihr Gesicht strahlte vor Glück und Gesundheit. Wir versprachen einander, dass wir uns wiedersehen würden (Und das taten wir. Ich fuhr später noch einmal nach Berlin, um mehr Zeit mit ihr zu verbringen.).

Doch in den Tagen und Stunden, die dieser Begegnung bei der Signierstunde folgten, wurde mir die Bedeutung des Augenblicks bewusst. Wie Hannah weiß ich, dass man tagtäglich gegen die Droge kämpfen muss. Und dieser Kampf hört niemals auf. Er geht nicht weg. Doch wir haben beide Hoffnung gefunden und können den vor uns liegenden Weg wieder sehen. Viele der Menschen, mit denen wir unsere fernen, dunklen Tage auf der Straße verbracht haben, hatten weniger Glück. Wir hingegen waren die Glücklichen, die lebend rausgekommen sind.

Jeder bekommt eine zweite Chance im Leben. Doch diese Chance ist wertlos, wenn wir nicht aus den Fehlern lernen, die wir beim ersten Mal gemacht haben.

Es hätte auch mich erwischen können

Eines Abends waren Bob und ich auf dem Heimweg durch das geschäftige West End. Wir waren auf unserem üblichen Weg zur U-Bahn-Station, als Bob unvermittelt nervös wurde. Im ersten Moment dachte ich, es läge an der Kälte, doch dann wurde mir bewusst, dass wir verfolgt wurden.

Genau wie Bob habe ich im Lauf der Jahre ein Radar dafür entwickelt. Als ich mich umdrehte, erblickte ich den Typen in der Menge. Es war ein junger, schlaksiger Kerl mit fettigen Haaren und einem Rucksack auf dem Rücken. Hier gab es jetzt nicht mehr so viele Menschen, und wir mussten auf dem Weg zur U-Bahn durch eine enge Gasse. Wir waren kaum eingebogen, als Bob ein lautes warnendes Fauchen ausstieß. Fast im gleichen Augenblick sprang der Typ uns an und wollte an meinen Rucksack.

Aber ich bin durchaus imstande, mich zur Wehr zu setzen, genau wie Bob. Also verjagten wir den Kerl. Er rannte davon, doch er kam nur ein paar Schritte weit, bevor er ausrutschte und der Länge nach hinfiel. Dann rappelte er sich auf die Knie hoch – und fing an zu heulen.

Anstatt ihn auszuschimpfen, setzte ich mich für ein

paar Minuten zu ihm. Er war verzweifelt, das konnte ich sehen. Er hatte ohne einen Penny in der Tasche vor einem gewalttätigen Elternhaus in Nordengland Reißaus genommen, hatte seit einer Woche nicht mehr richtig geschlafen und kaum etwas gegessen. Ich gab ihm ein paar Tipps, wo er Obdachlosenunterkünfte finden konnte, und schrieb ihm ein paar Telefonnummern von Wohltätigkeitseinrichtungen auf, von denen ich wusste, dass sie ihm helfen konnten. Und ich gab ihm etwas Geld, damit er den nächsten und vielleicht den übernächsten Tag überstehen konnte. Das war das Geringste, was ich tun konnte.

Wenn ich eine Lektion gelernt hatte in meiner eigenen Zeit als Obdachloser, dann die, dass einen das Leben auf der Straße entmenschlicht. Verzweiflung, Einsamkeit und Mangel an gutem menschlichem Kontakt ziehen einen nach unten. Und währenddessen verliert man jegliches Gefühl für sich selbst und dafür, was richtig und was falsch ist. So war es mir selbst auch gegangen.

Im Grunde genommen sah ich in dem jungen Burschen mein eigenes, jüngeres Ich.

Wir alle urteilen viel zu schnell. Wir alle vergessen, dass nur eine kleine Laune des Schicksals erforderlich ist, und jeder von uns findet sich auf der Straße wieder.

Es hätte auch mich erwischen können – und das gilt für jeden von uns.

Vergiss nicht, woher du kommst

Es war am Ende einer großen Signierstunde in London. Bob und ich hatten seit drei Stunden Menschen begrüßt und mit ihnen geredet, und noch immer drängte sich eine lange Schlange bis nach draußen auf die Straße. Die Geschäftsführung war zu dem Schluss gekommen, dass sie nicht noch mehr Leute in den Laden lassen konnte. Zögernd stimmte ich zu, als man mir sagte, dass sich niemand mehr an das Ende der Schlange anstellen durfte.

Wie üblich hatte ich ein paar vertrauenswürdige Freunde dabei, die mir halfen. Einer von ihnen kam besorgt zu mir herein. »Da draußen stehen eine Mutter und ihre Tochter, die heute Morgen aus Glasgow hergereist sind. Der Zug hatte Verspätung, und sie sind gerade erst angekommen. Und jetzt sagt man ihnen, dass sie dich und Bob nicht mehr sehen dürfen. Die beiden sind total niedergeschlagen.«

»Sag ihnen, sie sollen warten«, flüsterte ich ihm ins Ohr.

Als die Signierstunde zu Ende war, brachte mein Freund die beiden zu mir. Sie waren außer sich vor Freude, erst recht, als ich sie Bob für eine Minute streicheln ließ, während wir uns unterhielten. Ich hatte erwartet, dass er am Ende des Signier-Marathons erschöpft sein würde, doch er war ganz goldig zu ihnen.

»Wir sind ja so dankbar«, sagte die Tochter, als ich ihnen schließlich sagte, dass wir nun gehen müssten. »Mama hat nämlich heute Geburtstag.«

Ich lächelte.

»Ich denke, das siehst du falsch«, sagte ich zu der Tochter und umarmte die Mutter. »Ich bin es, der dankbar sein sollte. Ohne Menschen wie euch hätte ich es niemals geschafft, von der Straße wegzukommen.«

Wir alle müssen uns gelegentlich vorwerfen lassen, dass wir vergessen, wo wir herkommen. Doch wir sollten niemals vergessen, wie wir dorthin gekommen sind, wo wir heute im Leben stehen. Und wir sollten den Menschen dankbar sein, die uns geholfen haben, dorthin zu gelangen.

Lass dich vom Leben überraschen

Zu sagen, die Veränderungen in meinem Leben seien eine Überraschung, wäre die Untertreibung des Jahrhunderts.

Nicht in einer Million Jahren hätte ich mir vorgestellt, dass man mich anspricht und bittet, ein Buch über meine Freundschaft mit Bob zu schreiben. Nicht in einer Million Jahren hätte ich erwartet, dass es überall auf der Welt ein Bestseller werden könnte.

Und wenn ich irgendjemandem erzählt hätte, dass man sogar einen Film über unsere Geschichte drehen würde, dass die Premiere in West End stattfinden würde und dass Bob und ich vorher der zukünftigen Königin von England vorgestellt würden – er hätte mich völlig zu Recht für total übergeschnappt erklärt. Und doch ist genau das passiert.

Es heißt, Weisheit ist die Fähigkeit, aus Veränderungen zu lernen.

Nun, wenn ich aus den massiven Veränderungen in meinem Leben nicht gelernt habe, dann gibt es wohl wenig Hoffnung für mich. Ich habe einen neuen Blick aufs Leben gewonnen, so viel ist klar. Eines der einfachsten Dinge, die ich gelernt habe, ist, dass man dem Schicksal manchmal einfach seinen Lauf lassen muss.

Manchmal geschehen die besten Dinge völlig unerwartet. Anscheinend ohne jeden ersichtlichen Grund. Und dann muss man sie laufen lassen und abwarten, was sie bringen.

Also: Lassen Sie sich vom Leben überraschen.

Mit Geld kann man keine Liebe kaufen

Bob und ich saßen in einem piekfeinen Hotelzimmer in Tokio. Es war ein arbeitsreicher Tag gewesen, und ich hatte beim Zimmerservice ein wirklich köstliches Dinner für uns bestellt. Für mich ein ordentliches Steak mit allem Schnickschnack und für Bob Gourmet-Katzenfutter. Es war der reinste Fünf-Sterne-Luxus.

Als ich dort saß und meine Mahlzeit genoss, dachte ich unwillkürlich über unsere gemeinsame Zeit nach und über andere – weitaus einfachere – Mahlzeiten, die wir geteilt hatten. Ich erinnerte mich an jenen ersten Abend in Covent Garden, als Bob neben mir gesessen hatte und ich dank ihm zwei- oder dreimal so viele Münzen in meinem Gitarrenkoffer gefunden hatte wie sonst. Ich hatte mir damals ein Curry gegönnt und ihm eine Dose Thunfisch. Ich war daran gewöhnt gewesen, aus Dosen zu essen. Oder von Frühstücksflocken zu leben.

Was also war an diesem Abend in Tokio anders? Eigentlich nichts. Ja, das Essen wurde auf feinem Porzellan serviert, und der Wein war ausgezeichnet. Doch soweit es Bob betraf, spielte das alles keine Rolle.

Für Bob war es absolut unbedeutend, ob wir in einem Fünf-Sterne-Hotel übernachteten oder in einer Mietwohnung im fünften Stock. Es war ihm egal, ob ich fünfzig Pence oder fünfzig Pfund in der Tasche hatte.

Geld, Reichtum, wie auch immer man es nennen mag – es ist ein vergängliches Ding. Es kommt und geht. Wir alle durchleben Perioden des Überflusses und der Not. Zeiten, in den wir uns – in finanzieller Hinsicht – arm oder reich fühlen. Doch das ist immer nur ein Teil des Bildes.

Die wichtigsten Dinge gibt es alle nicht für Geld. Und ganz gewiss können wir uns keine Liebe kaufen. Für kein Geld der Welt.

Während wir in unserer Suite speisten wie die Könige, wuschelte ich Bob ein wenig über den Kopf. Selbst wenn ich irgendwann wieder auf der Straße landen sollte, wäre ich immer noch ein reicher Mann.

Solange ich ihn nur bei mir habe.